中国学会史丛书

中国植物学会九十年

中国植物学会　组编

科学出版社

北　京

内 容 简 介

中国植物学会是中国植物科学工作者自愿组成的公益性、学术性和全国性社会团体。自1933年成立以来，中国植物学会始终以国家发展、人民需求以及植物科学前沿为导向，在加强科技工作者联系服务、推动创新驱动发展、提高全民科学素质、服务党和政府科学决策等方面作出许多富有成效的工作，在促进植物科学繁荣发展、促进植物科学人才成长等方面发挥了重要的作用。本书以时间脉络为主线，按照1933～1949年、1950～1977年、1978～2012年、2013～2023年四个时间段，全面回顾了中国植物学会九十年来的发展历程，展现了学科建设、学术交流、科学普及、决策咨询、人才培养、期刊建设、生物竞赛等方面开展的工作和取得的成果，反映了中国植物学会在不同时期对社会经济发展、人民生活改善和植物科学发展的贡献。

本书可让广大植物科学工作者、社会公众对中国植物学会有更加清晰的了解和认识，同时也积极引导植物科学工作者继续面向国家需求，与时俱进，开拓创新，不断推动植物科学发展。

图书在版编目（CIP）数据

中国植物学会九十年/中国植物学会组编. —北京：科学出版社，2023.9
ISBN 978-7-03-076488-1

Ⅰ. ①中… Ⅱ. ①中… Ⅲ. ①植物学–学会–概况–中国 Ⅳ. ①Q94-26

中国国家版本馆 CIP 数据核字（2023）第 183734 号

责任编辑：王 静 王 好 / 责任校对：郑金红
责任印制：吴兆东 / 封面设计：刘新新

科 学 出 版 社 出版
北京东黄城根北街 16 号
邮政编码：100717
http://www.sciencep.com

北京中科印刷有限公司印刷
科学出版社发行 各地新华书店经销
*
2023 年 9 月第 一 版 开本：720×1000 1/16
2024 年 5 月第二次印刷 印张：12
字数：240 000
定价：148.00 元
（如有印装质量问题，我社负责调换）

《中国植物学会九十年》编委会

前　言

中国植物学会（Botanical Society of China）是中国科学技术协会（以下简称中国科协）指导下的群众性学术团体，成立于 1933 年，支撑单位为中国科学院植物研究所。目前，中国植物学会（以下简称学会）在 30 个省（自治区、直辖市）设立了地方性的植物学会专业团体，拥有会员近 15 000 人。

学会走过了九十年的光辉历程。从 19 位植物学家 105 位会员代表（第一届年会）到如今拥有近 15 000 位会员，经历了萌芽聚力的早期创建、新中国成立后的新生、改革开放的稳健发展，直到绿色文明、大踏步发展的新时代。九十年来，学会在组织推动中国植物学的学术交流、加强国内外植物科学工作者的联系和沟通、培养植物学教学和研究人才、普及植物学知识、主办学术期刊等诸多方面均发挥了重要作用。同时，学会凝聚了一批植物科学教学和科研方面的专家学者，在推进植物科学基础研究水平、培养植物科学的后备人才、为国家战略决策提供咨询、为社会经济发展提供科技服务等方面作出了重要贡献。

新时代的植物学家、植物研究及教学机构承载着推进环境保护、粮食安全、美丽中国等重任，在实现国家绿色文明建设的道路上不断前行。中国植物学会引领着中国植物科学的健康发展，根植祖国大地，秉承构建人类命运共同体的基本理念，以绿色文明为目标，推动植物科学研究，服务国家经济建设和社会发展，正大步走向世界，在人类命运共通的道路上阔步前进。

《中国植物学会九十年》编委会

2023 年 9 月

目　录

第一章

萌芽聚力：中国植物学会的诞生和
早期发展（1933～1949年）

　　植物科学属于基础研究范畴，其基本任务是认识和揭示植物界生命活动的客观规律。尽管中国地域辽阔，植物种类繁多，但中国早期的植物学研究相当薄弱。19世纪末，随着现代科学传入中国，与科学技术相关的研究机构、学术团体等相继出现，植物科学也开始萌芽。1928年静生生物调查所在北平（现北京）成立，1933年中国植物学会（以下简称学会）在重庆北碚成立，凝科学之力、追强国之梦，发展植物科学是历史的必然。学会成立初期，通过举办年会、公开演讲，推进植物学研究的学术交流和植物学知识的传播，亦编译西文刊物，同时关注国际组织和国际植物学大会的召开，我国植物学家也开始在国际植物学机构中担任要职，并发出中国声音。

第一节　凝科学之力——中国学术团体的萌芽初露

　　现代科学起源于西方，明末清初传入中国至晚清之时，虽经洋务运动推动，但远未被广为接受。1894年，中日甲午战争爆

撰稿人：葛颂、胡宗刚、姜联合、鲍红宇

图 1-1　中国科学社生物研究所部分
人员合影

前排左起：胡先骕、秉志、陈焕镛

发，北洋水师战败，震醒清政府，认识到强国不仅是船坚炮利，还有科学技术在各领域之运用。于是当时的清政府派遣学生赴东西洋留学，聘请外籍教师来华传授科学技术，西学遂在中国成为显学，传统的科举制度也随之被废除。

19 世纪末，随着留学生的陆续归国，与科学技术相关的新式学堂、科学书刊、研究机构、学术团体等相继出现，包括 1895 年成立的强学会、1902 年成立的中国教育会、1905 年成立的寰球中国学生会、1906 年创办的世界社、1914 年成立的中华博物研究会和中国科学社等。其中，由中国学生任鸿隽、周仁、秉志、赵元任、过探先等在美国康奈尔大学成立的中国科学社影响最为久远（图 1-1）。在此之前，他们还在上海创办了《科学》杂志。

中国素来以农立国，1917 年中华农学会和中华森林会在上海成立。这两个学会影响深远，是现在中国农学会和中国林学会的前身。随着科学事业在中国广泛展开以及一些专业学科在中国的形成，相关从业人员达到一定规模，酝酿成立各类专业学会的呼声不断出现。1922 年，中国地质学会成立，随后不同学科学会在 20 世纪 30 年代陆续成立，包括 1932 年成立的中国物理学会和中国化学会、1934 年成立的中国动物学会以及 1935 年成立的中国数学会。中国植物学会正是在此时期酝酿并于1933 年成立。

第二节　追强国之梦——中国植物学会的创立

一、近代中国植物学发展概况

　　学会是在近代中国植物学的兴起和发展过程中成立的，受到西方植物学在中国传播的影响。西方植物学在中国传播起于1858年李善兰和韦廉臣等合译《植物学》一书的出版（上海墨海书馆）（图1-2）。其后，傅兰雅（John Fryer）于1890年翻译的《植物须知》和《植物图说》相继出版（江南制造局翻译馆），对中国植物学的早期发展起到了积极的作用。

图1-2　《植物学》书名题字
中国第一本介绍西方近代植物学译著

　　中国植物学教学始于1889年张之洞督粤时，聘请葛路模（Percy Groom）教授在广州水陆师学堂开设植物学课程。之后开设博物学课程的现代学堂兴起，留学日本回国学者多从事相关教职，一些专业学科，如植物学、动物学、地质学、地理学等内容也纳入到博物学的教学之中。其时，社会对博物学的认识还很模糊，博物学的教学水平亦低。

　　诸多教会大学开始开设生物学系或开始讲授植物学课程，如东吴大学、金陵大学、岭南大学等，分别由美籍教授祁天锡（N. Gist Gee）、史德蔚（A. N. Steward）、莫古礼（Floyd Alonzo McClure）主讲。1921年，在南京高等师范学校农科主任邹秉文支持下，秉志和胡先骕以科学救国之理念，集合陈焕镛、钱崇澍、陈桢等成立了国立东南大学生物系，重点在采集动植物标本，培养学生和植物学人才。该生物系后演变为国立中央大学生物系（现南京大学生物系），同时从事树木学教学与研究。之后，还有一些大学先后设立生物系，奠定了早期中国植物学教育的基础。

高等院校主要职责是教学和培养人才，真正将科学研究事业本土化，还需成立专门的研究机构。1922 年，秉志和胡先骕又创办中国科学社生物研究所，基本仿照美国费城韦斯特解剖学与生物学研究所而创设，关注于基础研究、标本采集和创办专刊；并与国外研究机构建立联系，交换标本、图书等。该所第一任所长为秉志，设动物部和植物部，分别由秉志和胡先骕任主任。植物部有钱崇澍和陈焕镛等，动物部有陈桢等，研究兴趣集中在中国长江流域动植物资源调查和分类学研究，为编纂《中国动物志》和《中国植物志》做准备。其后，因胡先骕北上主持静生生物调查所，植物部主任由钱崇澍继任。彼时，在该所从事植物学研究者还有方文培、郑万钧、汪振儒、裴鉴、孙雄才、曲仲湘和杨衔晋等。

图1-3　蔡希陶教授（左）考察采集植物标本（1932，云南）

中国地域辽阔，植物种类堪称繁杂，远非一个研究机构所能胜任。在中国科学社生物研究所积极倡导下，一些相关研究机构相继成立。1928年，静生生物调查所在北平成立，所长由秉志兼任，于 1932 年由胡先骕继任。该所致力于华北及云南植物研究，学者有唐进、秦仁昌、周汉藩、俞德浚、蔡希陶、王启无、周宗璜、王宗清等（图1-3）。1929年，在秉志、胡先骕协助之下，国立中央研究院（以下简称中央研究院）自然历史博物馆成立，钱天鹤任主任，致力于长江流域及西南地区植物研究，秦仁昌、蒋英和裴鉴等先后在该馆植物部任职。其后，该所于1934年改组为中央研究院动植物研究所，1944年又拆分为动物研究所和植物研究所。

1929年，陈焕镛在广州国立中山大学农科设立农林植物研究所并担任所长，致力于广东、广西及海南岛的植物研究，主要研究人员有蒋英、左景烈、何椿年和侯宽昭等。同年，留法学者刘慎谔于北平创办国立北平研究院（以下简称北平研究院）植物学研究所，致力于华北、西北植物研究，林镕、孔宪武、夏纬瑛、匡可任和钟补求等先后在该所任职。此后，一些与植物相关的研究机构也相继成立，包括1933年在重庆北碚设立中国西部科学院生物研究所，1934年在江西庐山设立庐山森林植物园，1935年在广西梧州设立广西大学植物研究所和1938年在云南昆明设立云南农林植物研究所等。20世纪20年代末和30年代初，众多大学生物系、森林系成立，并取得良好成绩，有些领域还赢得了国际声誉，使得生物学一举成为民国时期仅次于地质学之发达学科。植物学从业者逐渐增多，中国植物学会在此背景下成立也成为必然。

二、中国植物学会的成立

在学会成立之前，一些植物学研究者除加入中国科学社等综合性社团外，亦有成为中华农学会、中华森林会，甚至中国地质学会会员者。当多个植物学研究机构成立以及各大学开始设立生物系之后，从事植物学科研和教学的学者日渐增加。自1914年成立伊始，中国科学社每年举办年会，由各省（区、市）政府的支持召开。其时，中国许多植物学研究者均是中国科学社社员，一直积极参与中国科学社的各种活动。

1933 年，中国科学社应四川实业家卢作孚邀请，于 8 月在重庆北碚举行了第十八次年会。会议对四川省的科技发展提出多项议案，胡先骕提出"建议四川当局组织四川富源调查利用委员会"的议案，得到广泛响应。其实，胡先骕到北碚参会还有一件酝酿已久的大事，即成立中国植物学会（图 1-4）。胡先骕在会前已筹划组织成立中国植物学会，并约定发起人 19 名，即胡先骕、辛树帜、李继侗、张景钺、裴鉴、李良庆、严楚江、钱天鹤、董爽秋、叶雅阁、秦仁昌、钱崇澍、陈焕镛、钟心煊、刘慎谔、吴韫珍、陈嵘、张珽和林镕。

图 1-4　中国植物学会的发起人和主要奠基者
自左至右：胡先骕、张景钺、钱崇澍、陈焕镛

1933 年 8 月 20 日，由胡先骕召集在重庆北碚中国西部科学院召开了学会成立大会，胡先骕、裴鉴、何文俊、马心仪、俞德浚、陈邦杰、刘振书和李振翮等参加。会议对由胡先骕起草的《中国植物学会章程》进行审议，决定编印中文植物学季刊，推定胡先骕为总编辑，推举胡先骕、辛树帜和戴芳澜等 4 位会员为司选委员会委员，选举第一届董事会，评议员及总编辑事宜。由于到会的人数较少，没有选举学会各职员，会长亦未产生。

1934 年，第二届年会在江西庐山召开。会上修改并正式通过了《中国植物学会章程》（附件 1）。会议还选举胡先骕为会长，陈焕镛为副会长，蔡元培、朱家骅、秉志、翁文灏、任鸿隽、丁文江、马君武、邹秉文和周诒春 9 人为董事，钱崇澍、陈焕镛、张景钺、秦仁昌、钟心煊、李继侗和刘慎谔 7 人为评议员。《中国植物学杂志》第 1 卷第 3 期刊载了此次会务消息：近年来，国人研究植物学者渐众，然因散处各地，声气鲜通，既少情感之联络，复乏学术之切磋，工作不免雷同，效力自多减少，且我国地大物博，植物学问题至为繁杂，非分工合作，恐难收集腋成裘之效果。各地先进同志，均同此意，爰于二十二年仲夏发展组织中国植物学会，以为互通声气之机关，且以普及植物学知识于社会，以收致知格物，利用厚生之效。

三、倡导学术活动和学科交流

学会创立初期，主要活动是联合或独立举办年会，通过宣读论文、公开演讲等学术交流和学科的交叉来推进植物学研究和教学，开始注重年轻人才的培养，同时关注相关国际组织和国际植物学大会等相关活动。正是在此期间，中国植物学家开始在国际植物学界频繁露面，并首次在国际会议上担任执行委员，在国际上发出了中国声音，为中国学界赢得了一定的学术声誉。

学会的早期活动多借中国科学社主办年会开展。1934～1936 年，学会年会分别在庐山、南宁和北平召开，会议内容除学会委员的选举外，学术报告和演讲等学术交流是必不可少的内容（图 1-5，附件 2）。自 1937 年，"七七事变"爆发，学会在困难中前行，在战乱中仍以西南地区为基地，联合多家学术团体在昆明和重庆等地举办联合年会。以下是一些具有代表性的学会活动。

1934 年，在江西庐山召开的第二届年会是借中国科学社举行第十九次年会的时机而成功举办的。当时，参会的中国科学社会员共 120 余人，其中植物学者有：马心仪、张景钺、李先闻、辛树帜、钱崇澍、胡

图1-5　1936年广西南宁联合年会得到《南宁民国日报》报道

先骕、傅焕光、秦仁昌、陈封怀和乐天宇等。此次中国科学社年会上，钱崇澍代表学会致辞。在同期召开的学会年会上，胡先骕首次提出编写《中国植物志》的议案，并阐述了此项工作的重要性和历史意义。胡先骕等还成功筹划由静生生物调查所与江西省农业院合办庐山森林植物园，并举行盛大的开幕典礼。庐山森林植物园的建立将植物园事业纳入中国植物学研究的一部分，为中国的植物园建设和发展奠定了基础。此次会议还决定创办英文刊物《中国植物学会汇报》（*Bulletin of the Chinese Botanical Society*）。

1936年，学会第四届年会是借中国科学社在北平召开第二十一次年会同时举办的，参会者400余人。在会议公开讲演中，秉志在清华大学生物馆讲"动物之竞存"；胡先骕在燕京大学贝公楼主讲"如何充分利用中国植物之富源"。参会的植物组会员有徐仁、张景钺、胡先骕和周宗璜等，共40余人，会议提交论文共32篇。本次会议改选了学会成员，推选戴芳澜为会长，张景钺为副会长。学会还召开了评议会，戴芳澜、李良庆、李继侗、俞大绂和张景钺参加，选举李良庆为书记等。

1946年5月，中国植物学会昆明分会和中国动物学会昆明分会在昆明举办联合年会。汤佩松在会上将动物植物两学会的关系比作"冬虫夏草"，并提出两学会要加强合作，以加速中国生物学发展。此次会议推动了生物学的整体发展，促进了学科间的联合。1947年8月，中国科学社抗战胜利后恢复召开第二十五次年会，其时学会尚未恢复，一些植物学家以中国科学社社员身份参加会议，杨衔晋、钱崇澍和李先闻等提交论文 5 篇。同年 10 月 10 日，平津地区（今北京、天津地区）中国物理学会、中国化学会、中国动物学会、中国数学会、中国植物学会、中国地质学会 6 个科学团体联合举行年会，张景钺代表学会参与筹备，举办了多场学术演讲，包括刘慎谔的"五谷考"和罗士苇的"晚近植物生理学之发展"等。

在倡导国内植物学科研和教学的同时，学会在国际学术交流方面也发挥了积极的作用。在该领域比较有代表性的国际交流活动就是国际植物学大会（International Botanical Congress，IBC）。该学术大会始于 1900 年，第 1 届国际植物学大会在法国巴黎召开，其后几届都在欧洲各国召开，其时在欧洲留洋的中国学子甚少，故无人与会。1926 年 8

图 1-6　出席第 5 届国际植物学大会的
部分中国代表（1930，伦敦）
自左至右：秦仁昌、张景钺、陈焕镛、
斯行健、林崇真

月，第 4 届国际植物学大会在美国纽约召开，胡先骕提议美国芝加哥大学科学博士张景钺代表中国科学社出席，在康奈尔大学攻读博士学位的吴韫珍也参加了大会，但均未引起反响。1930 年，第 5 届国际植物学大会在英国伦敦召开，中国参会者有陈焕镛、秦仁昌、张景钺、斯行健和林崇真 5 人，不仅提交了论文，陈焕镛还受邀在大会发言（图 1-6）。尤其值得一提的是，陈焕镛和胡先骕被选为国际植物命名法规审查委员会委员，为中国学者赢得了一定的学术地位。1935 年，第 6 届国际植物学大会在荷兰阿姆斯特丹举行，陈焕镛和李继侗等参会，在这次大会上，陈焕镛被选为国际分类学组执行委员及植物命名委员会副主席，成为首位在国际植物学大会上担任执行委员的中国植物学家，是中国科学家积极参与国际植物科学发展的开端。

四、传播植物科学知识

传播植物科学知识是早期学会的重要任务之一。植物科学普及知识传播包括博物馆的标本展、研究论文和年报展览、标本室和研究室的对外开放以及举办科学展览等。在中国科学社年会及中国植物学会年会期间，均有面向大众的公开演讲；中国科学社生物研究所还设有定期的露天报告；静生生物调查所研究者经常被大中学校邀请赴校演讲。

1922 年 8 月，中国科学社生物研究所成立之时，即多次展示了馆藏动植物标本。1929 年，中央研究院成立自然历史博物馆，将生物标本采集研究与展览相结合。该馆于 1934 年改为动植物研究所，展览功能移交给新成立的国立中央博物院。1929 年，静生生物调查所成立一周年，在北平举行了纪念展览，期间展出了各类植物标本和相关研究论著。1931 年，中华文化教育基金会出资，静生生物调查所在文津街 3 号建立新址，石驸马大街旧址改设通俗博物馆，馆内设 7 个陈列室，展出包括菌类、藻类、植物、木材、无脊椎动物、鱼类、爬虫类及两栖类、鸟类、哺乳类等标本并配以详细说明。1934 年，静生生物调查所举办成立六周年纪念活动，对大众开放通俗博物馆和研究所标本室，此后每年参观人数均达万人以上，取得很好的社会效应。1949 年，北京大学农学院还与中国植物学会联合主办了"生物科学展览"。

学会早期还重点扶持了 2 本学术刊物：《中国植物学杂志》和《中国植物学会汇报》。1933 年，学会成立之初，提出的一个重要任务就是编印中文植物学季刊《中国植物学杂志》，推定胡先骕为总编辑，并于 1934 年 3 月出版发行第一卷第一期。该刊除发表浅易通俗普及性文章外，还设有"会务消息""国内国外植物学界新闻""世界植物学家小传""植物采集游记""国内外研究论文节要"等栏目，其中有些内容成为珍贵历史史料。该刊抗战期间停刊，于 1950 年恢复出版，汪振儒为总编辑。

1934 年的第二届年会决定编辑出版一本英文学报，旨在促进植物科学研究和国际交流。学报初名为 *Botanica Sinica*（An Official Organ of the Botanical Society of China），正式出版时名为《中国植物学会汇报》（*Bulletin of the Chinese Botanical Society*）。李继侗出任总编辑，于 1935 年 6 月出版第一卷第一号。该刊在抗日战争全面爆发后停刊，此后未曾复刊。

第二章

新中国新气象：中国植物学会的 新生（1950～1977年）

　　1949年新中国成立后，在中国共产党的领导下，各类学术团体恢复活动，学科类专业学会开始改组和调整。在此背景下，中国植物学会进行了改组，完善了组织机构，制定了学会工作纲要，稳步推进各项工作。学会积极推动《中国植物志》的编写，举办各类学术会议活跃学术交流，总结了中国植物学的发展情况和主要成就，规范创办了新的学术期刊，迎来了发展新起点。

第一节　学会机构的改组和完善

　　1949年5月，全国科学会议筹备会第一次预备会议在北京饭店举行，会议确定由中国科学社、中华自然科学社、中国科学工作者协会和东北自然科学研究会共同发起召开中华全国自然科学工作者代表会议。7月，中华全国自然科学工作者代表会议筹备会正式会议在原中法大学礼堂举行，周恩来等领导同志出席大会并讲话。受大会精神的感召，一些自然科学学会适应

撰稿人：姜联合、胡宗刚、葛颂、鲍红宇

国家新形势，纷纷恢复学术活动，重新改组。1949年7月，在张景钺主持下，学会在北京大学召开第五届年会，选举乐天宇、吴征镒、徐纬英和简焯坡等为理事，张景钺任理事长。

　　1950年8月，中华全国自然科学工作者代表会议举行。会议决定成立中华全国自然科学专门学会联合会（以下简称全国科联）和中华全国科学技术普及协会（以下简称全国科普）。全国科联成立后，学会于1951年4月召开常务理事会，决定召开学会第一届全国代表大会（图2-1）。7月24日，学会第一届全国代表大会在北京举行，到会代表52人，代表全国700多名会员，中国科学院副院长吴有训、北京大学校长马寅初参加了会议，中国科学院植物分类研究所所长钱崇澍致开幕词。会议选举产生了学会第六届理事会，钱崇澍当选理事长，钱崇澍、李良庆、王志稼、林镕、张肇骞、俞德浚、罗士苇、吴征镒、方文培、陈邦杰、吴印禅、王云章、汪振儒、辛树帜和马毓泉15人当选理事。

图2-1　新中国成立后，学会第一届全国代表大会代表合影（1951，北京）

　　1951年，全国科联成立各省市分会，各学会亦相应成立省市分会。学会在第一届代表大会召开之后，先后成立了各省市植物学会，包括北京、南京、上海、武汉、广州、青岛、杭州、哈尔滨、西安、桂林、福州、成都、济南、厦门、长沙、兰州、昆明和重庆等，但随着各地科技工作者队伍的不断壮大，城市命名的分会不能涵盖全省的学者，各省市植物学会故逐步更名为省植物学会，如：①昆明分会（1979 年更名为云南植物学会），1953 年初在云南大学成立，秦仁昌任理事长，1956年蔡希陶任第二届理事长，1958 年朱彦丞任第三届理事长；②济南分会（1958 年更名为山东植物学会），1952 年在济南成立，傅蕴琦任理事长。

在学会改组之前，中国植物学研究机构已组合完毕。1949 年 11月 1 日，中国科学院成立，植物学研究机构按学科重组。静生生物调查所植物部与北平研究院植物学研究所于 1950 年合并为中国科学院植物分类研究所（以下简称植物分类研究所；1953 年更名为中国科学院植物研究所，以下简称植物研究所），钱崇澍任所长，吴征镒任副所长。同时，将北京之外的分类学研究机构作为植物分类研究所的工作站，包括华东工作站、庐山工作站、昆明工作站、西北工作站，这些工作站后期发展壮大后，成立了独立的研究机构。中国科学院成立植物分类研究所，其目标是集全国研究力量，继续推动《中国植物志》的编写。1954年，植物研究所已经扩充为植物学综合性的研究机构，包括植物生态学、植物生理学、资源植物学等多个学科，许多一流学者在此工作。学会自 1951年改组之后，一直挂靠在中国科学院植物研究所，未曾改变（图 2-2）。

图 2-2　中国植物学会挂靠单位中国科学院植物研究所旧址（北京西直门外大街 141 号）

第二节　万象更新：学会工作稳步推进

一、制定学会工作纲要

1958年9月，经党中央批准，全国科联和全国科普在北京政协礼堂联合举行全国代表大会，通过了成立中华人民共和国科学技术协会（以下简称中国科协）的决议，此次大会被认定为中华人民共和国科学技术协会第一次全国代表大会。

1959年1月，中国科协在杭州召开了第一次全国科协工作会议，会议主要议题为如何开展科协工作。学会作为中国科协领导下的学术团体，响应杭州会议决议，于1959年3月15日、3月21日、4月14日在北京连续举行三次扩大会议，主要参会人员包括理事长钱崇澍，副理事长陈焕镛、秦仁昌、刘慎谔和张景钺，副秘书长姜纪五和裴鉴，常务理事俞德浚、娄成后、汪振儒和罗宗洛，以及王伏雄、吴征镒、钟济新和陈封怀等来自各研究所的专家。会议经过充分讨论，制定了1959年工作纲要，提出学会将以开展野生植物普查、编写各地经济植物志（或手册）等为工作重心，同时还提出了1959年学会主要工作计划要点：①筹备1959年在广州召开年会，交流农业丰产有关植物学问题和野生植物利用经验，委托副理事长陈焕镛主持筹备工作；②创办不定期内部刊物《植物学会通讯》，刊载学会消息，推定钟补求、李正理和俞德浚主持编辑工作；③加强《植物学报》（*Acta Botanica Sinica*，现 *Journal of Integrative Plant Biology*，*JIPB*）的编辑计划工作，在大力组稿的同时，举办国庆十周年专号；接办《植物生态学与地植物学资料丛刊》，由汪振儒、刘慎谔两位编委协助主编李继侗工作；继续与中国动物学会合作编辑《生物学通报》；④加强与北京市植物学会协作，深入到农村人民公社和北京市中学开展植物学活动。

二、活跃学术交流

在"百花齐放、百家争鸣"的大背景下，学会于 1962 年 11 月召开了全国植物生态学、地植物学第一次学术会议（图 2-3）。中国科学院副院长竺可桢、副秘书长谢鑫鹤和生物学部副主任过兴先等莅临讲话。参会代表包括了植物生态、地植物学、林学、草场学、农学、地理学和小气候学等学科的科技工作者。此次会议共收到论文 86 篇，其中植被分类、植被分区的占 68%，有关植物生态的占 18%，植物地理、气候、草场、森林、植物调查等其他方面的文章占 11%。会议除讨论学科问题外，还响应中共八届十中全会号召，就本学科如何支援农业问题进行了讨论，并提出通过解决农业生产中的有关问题带动本学科的发展。

图 2-3　中国植物学会植物生态学、地植物学第一次学术会议代表合影
（1962，北京）

1963 年 10 月 16 日，学会在北京举行中国植物学会三十周年年会，此次会议受到植物学家广泛关注，来自全国 200 多位代表参会。会议听取了 12 位专家就植物学各分支学科撰写的综合报告《中国植物学三十年》，报告记述了 1949 年以来中国植物学的发展情况和主要成就。

会议还特别邀请农业、林业、轻工业、医药卫生和科学出版相关部门人员做报告或发言，提出了各方面对植物学的迫切要求；分 5 个专业组进行报告交流，进一步明确了植物科学的发展方向。大会收到论文摘要 404 篇，涉及藻类学、真菌学、高等植物分类学和地植物学、古植物学、植物形体学、植物细胞学、植物生态学、植物资源学和植物遗传学等多方面内容。本次会议通过了学会新章程，选举产生第七届理事会，钱崇澍继任理事长，陈焕镛、刘慎谔、秦仁昌和张景钺为副理事长，林镕为秘书长。与此同时，还举行了中国植物生理学会成立大会，罗宗洛任理事长。

1964 年 9 月 21 日至 28 日，学会在江西庐山召开第一届全国植物引种驯化学术会议，中国科协副主席、中国科学院副院长竺可桢出席了会议，参会代表 40 人，收到论文及摘要 158 篇。会议总结了全国各地植物引种驯化、栽培育种等方面的研究成果和植物园建园经验，提出创办植物引种驯化相关内容的刊物。后经理事会审议核定，《植物引种驯化集刊》创刊，并将会议主要论文作为植物引种驯化的研究成果，刊登于《植物引种驯化集刊》第一集。

学会也重视与国际的学术交流。1957 年 10 月 12 日至 15 日，罗宗洛、郑万钧出席了日本植物学会第 75 周年纪念会，罗宗洛做"中国植物生理学的现状"、郑万钧做"中国松属的分类"学术报告（图 2-4）。1975 年，秦仁昌、侯学煜出席了在苏联举办的第 12 届国际植物学大会（图 2-5）。

三、积极推动《中国植物志》编写

1934 年，在第二届年会上，会长胡先骕首次提出议案，集全国之力编写《中国植物志》。因其时研究人员尚少，研究经费不足，条件

图 2-4　罗宗洛（右）与郑万钧（中）　　图 2-5　秦仁昌与侯学煜出席第 12 届
出席日本植物学会第 75 周年纪念会　　　　　国际植物学大会（1975，列宁格勒）
合影（1957，东京）

不备，没有启动。1950 年，中国科学院成立植物分类研究所，亦以编写《中国植物志》为重要任务，学会为之辅助。1951 年 7 月，学会召开第一届全国代表大会，提出首先编写《中国植物科属检索表》，并请植物分类研究所主持。1951 年 10 月，植物分类研究所邀请全国各地植物分类学家撰稿。

　　经过几年筹备，1958 年 5 月，中国科学院植物研究所高等植物分类组提出以十年时间完成《中国植物志》的编写。1958 年 6 月，学会理事会扩大会议在植物研究所召开，会上通过植物研究所提出《中国植物志》编写计划。会后出席会议的分类学家向全国发出十年完成《中国植物志》的倡议。

　　1959 年 9 月 7 日，经中国科学院常委会第九次会议批准，由中国科学院院部组织成立中国科学院《中国植物志》编辑委员会（以下简称《中国植物志》编委会），《中国植物志》编委会挂靠中国科学院植物研究所，主编陈焕镛、钱崇澍，秘书长秦仁昌，编委陈封怀、陈嵘、方文培、耿以礼、胡先骕、简焯坡、姜纪五、蒋英、孔宪武、匡可任、林镕、刘慎谔、裴鉴、钱崇澍、秦仁昌、唐进、汪发缵、吴征镒、俞德浚、张肇骞、郑万钧、钟补求。1959 年 9 月由秦仁昌等编写的首卷《中国植物志》由科学出版社出版。其后的 40 多年时间里，编委会召开了多次全体（扩大）会议和各类研讨会，确保编研工作的高质量和高水平（图 2-6）。2004 年，历时 45 年的《中国植物志》编研出版终于完成。参与该巨著编研的机构达 80 余个，作者 312 人，绘图 164 人。

图 2-6　中国科学院《中国植物志》编辑委员会第二次（扩大）会议合影
（1961，北京）

四、规范学术期刊

新中国成立以来，学会主办了多种期刊，包括《植物学报》《植物分类学报》《植物生态学与地植物学丛刊》《植物杂志》等。1950 年 7 月，学会在北京大学植物系召集汪振儒等在京学者讨论编辑出版事宜，决定将《中国植物学杂志》复刊，由汪振儒任总编辑，黄宗甄为干事编辑，讨论决定《中国植物学杂志》自第 5 卷第 1 期起，每年出版 4 期，内容包括植物学专门论著、知识问答、调查报告、书刊介绍、本会动态等。1952 年夏，为适应中等学校自然科学教学的需求，《中国植物学杂志》和中国动物学会筹办的《动物学杂志》合并，更名为《生物学通报》，因该刊与教学相关，编辑部设在北京师范大学。

1951 年，中国科学院植物分类研究所创办《植物分类学报》，其前身为 1949 年前发行的《静生生物调查所汇报》、《国立北平研究院植物学研究所丛刊》、《国立中央研究院植物汇报》和《中国科学社生物研究所植物部论文丛刊》4 种刊物。《植物分类学报》初创时为季刊，由钱崇澍任主编，1951 年 3 月出版第 1 卷第 1 期，以发表植物分类学研究的文章为主，刊载论文的范围涉及植物学研究的诸多方面，如生态、形态和应用等。《植物分类学报》成为植物分类、植物系统发生和进化为核心内容的多学科综合性学术刊物。1959～1977 年，《植物分类学报》因种种原因多次停刊、复刊；1978 年，该刊重新恢复定期出版。

1952 年，经中国科学院调整，学会此前主办的《中国植物学会汇报》与其他几个机构的刊物《中国实验生物学杂志》《中国水生生物学汇报》《海洋湖沼学报》等学刊合并为《植物学报》（*Acta Botanica Sinica*，现 *Journal of Integrative Plant Biology*），由罗士苇任主编，1952 年 3 月出版创刊号，以刊载植物学研究论文为主，同时刊载学科综述性文章及重要的书报评论等，发表文章以中文为主。

1955 年，《植物生态学与地植物学研究资料》创刊，北京大学李继侗任主编，由科学出版社不定期出版，每期载文一篇，至 1957 年出版到 18 号。随着该学科在国内的发展，稿件有所增加，1957 年 9 月，学会决定成立编辑委员会，并改为合辑，至 1960 年出版 4 辑。1963 年，学会将《植物生态学与地植物学研究资料》由不定期改为半年刊，并更名为《植物生态学与地植物学丛刊》。

1974 年，由中国科学院植物研究所申请，经中华人民共和国国家科学技术委员会（简称"国家科委"）批准，《植物学杂志》正式创刊，刊名由中国科学院院长郭沫若亲笔题写。《植物学杂志》创刊时定为中级刊物，是季刊，1976 年改为双月刊。1977 年，经中国科学院批准，该刊改为专业科普刊物，并正式更名为《植物杂志》，主要面向科研单位的科技人员，大专院校和中学教师，农、林和医药等部门的科技人员，服务对象是我国广大农村的科技干部和知识青年、大专院校和中学的学生、植物学爱好者等。

第三章

改革开放：中国植物学会的稳健发展（1978~2012年）

自1978年改革开放始，学会的各项工作逐步走向正轨，步入稳健发展阶段。同年10月，学会在云南昆明召开了四十五周年年会，这是继1963年三十周年年会之后，又一次全国性的盛会，标志着学会的发展进入了新阶段。尤其是进入21世纪，在中国综合国力快速提升的大背景下，随着国家对科研项目资金的持续性投入和科研人才引进力度的加大，以及国内外学术交流的日益频繁，中国植物科学研究得到了突飞猛进的发展，取得了众多令世人瞩目的成绩，在国际植物学研究领域最前沿拥有了一席之地。越来越多的中国科学家登上并活跃在国际植物科学研究的学术舞台，成为推动世界植物科学发展的重要力量。

第一节 新形势下的机构改革

一、明确学会宗旨，完善组织机构

明确界定责任和义务，逐步优化组织机构，是学会面临的

撰稿人：葛颂、姜联合、胡宗刚

迫切任务。为此，学会制定了各项条例和条规，包括理事会换届选举的各项议程，组建工作委员会和成立专业委员会、分会的基本原则等。在此期间，学会办公室、地方组织机构亦逐步建立或完善。

1978 年，学会开始恢复活动；同年 10 月，学会在云南昆明召开四十五周年年会，会议选举出学会第八届理事会，汤佩松当选为理事长，吴征镒、陈封怀、俞德浚、汪振儒、朱彦丞、吴素萱、杨衔晋和李正理为副理事长，俞德浚为秘书长。理事会决定设立名誉理事长，7 位学术前辈首次当选，分别为郑勉、林镕、秦仁昌、蒋英、方文培、孔宪武和蔡希陶。本次会议对学会宗旨做了重新界定："中国植物学会是中国共产党领导下的植物学工作者学术性群众团体，是中国科学技术协会的组成部分。其主要任务是积极开展国内外学术交流，组织编辑学术刊物，大力普及植物学知识，对国家主要的科学技术政策和问题积极地提出合理化建议，根据国家经济建设和植物学科学、教育事业发展的需要举办各种培训班，努力提高会员的学术水平。"

在改革开放的大好形势下，1982 年 8 月，学会在北京召开常务理事会扩大会议，为即将召开的五十周年年会做准备。会议确定了年会代表以及下届理事会产生原则和办法，并将 1933 年学会成立时选举出的董事确定为第一届理事会（放弃原先认定 1951 年改组时理事会为第一届的说法），下届理事会为第九届，之后依次延续。自 1978 年起，学会每 5 年召开一次周年大会，并选举产生新一届理事会。

1983 年 10 月，中国植物学会五十周年年会暨第九届会员代表大会在山西太原召开，会议选举产生第九届理事会，理事 57 人，由汤佩松任理事长，王伏雄、吴征镒、李正理和朱澂任副理事长，钱迎倩任秘书长。会议通过了《中国植物学会章程》修改草案，对学会任务予以明确界定：①积极开展学术交流，组织重点学术课题的讨论和科学考察；②组织编辑学术书刊；③大力普及植物学科学技术知识，向社会提供技咨询和技术服务；④对国家有关科学技术政策和问题发挥咨询作用，积极地提出合理化建议，发现人才并推荐人才；⑤经常向有关部门反映植物学科技工作者的意见和正当要求；⑥积极开展国际学术交流活动，加强同国外的植物学学术团体和植物学工作者的友好联系；⑦举办各种培训班、讲习班或进修班，传播植物学知识和先进技术，努力提高会员的学术水平；⑧举办为植物学工作者服务的各种事业和活动。

理事会的重点工作之一是成立新的学科分支机构，包括组建专业学科委员会和工作委员会。1978 年，第八届理事会成立了种子植物分类学、孢子植物分类学、植物生态学与地植物学、植物形态学、植物引种驯化、植物细胞学、植物化学和古植物学 8 个分支机构，并首次成立了科普工作委员会。1983 年，第九届理事会进一步设立 4 个工作委员会，即学术委员会、期刊编辑委员会、教育科普委员会和组织委员会，分别由王伏雄、李正理、朱澂和吴征镒负责。同时，新成立了引种协会、真菌学会、植物科学画专业委员会，分别由俞德浚、王云章和冯钟元负责。

随着植物科学的不断发展，学会的组织机构也不断完善，对原有的专业委员会进行调整，组建新的工作委员会和分支机构，如第十届理事会新增外事工作委员会、青年工作委员会以及植物生理学专业委员会、植物组织培养专业委员会和植物生殖生物学专业委员会，将植物引种驯化协会更名为植物园分会；第十一届理事会新增植物资源学专业委员会、苔藓专业委员会、兰花分会等；第十二届理事会将植物分类专业委员会更名为植物分类与系统进化专业委员会，新增药用植物及中药专业委员会、苏铁分会等；第十四届理事会新增种子科学与技术专业委员会等。2006 年，学会第十三届理事会讨论并通过了《中国植物学会分支机构管理条例》，进一步规范各专业委员会、分会的管理。

各省市植物学会接受各省市科协的领导和学会的业务指导。20 世纪 70 年代末至 80 年代初，各省市学会恢复活动，学会聚全国之力，举办全国性学术活动，各省市植物学会均积极参加（图 3-1）。为推进各省市植物学会的工作，学会于 1982 年和 1985 年分别在北京和重庆召开各省市植物学会秘书长会议，就地方分会如何在国民经济建设中发挥作用，如何开展学术交流、科普活动、人才培养等工作进行了部署。各省市植物学会就各自开展的活动和经验进行讨论，地方学会分支机构积极开展相关活动。地方学会组织机构的完善推进了地方学会的工作成效。

图 3-1　中国植物学会理事会扩大会议合影（1981，广州）

二、完善管理制度，规范学会工作

1978 年改革开放后，学会组织机构逐步优化明确。尤其是在云南昆明召开的四十五周年年会上，与会代表认真讨论了理事会的工作报告，在进行广泛学术交流的同时，制定了今后学会活动的计划，民主选举了新的理事会，共选出理事 92 名，其中常务理事 34 名，汤佩松为理事长。新一届理事会通过了一系列规章制度，使学会工作逐渐制度化、常态化。1989 年 8 月，理事会通过了"中国植物学会学术组织条例"、"中国植物学会学术会议管理条例"和"中国植物学会办公室职责范围"。2003 年，第十三届理事会通过了《中国植物学会高级会员管理条例（草案）》。2008 年，第十四届理事会通过了《中国植物学会个人会员管理条例（草案）》。

1991 年 7 月 11 日，按照《社会团体登记管理条例》，学会取得中华人民共和国社会团体登记证（登记号 0333）。1996 年 9 月，中共中央办公厅、国务院办公厅下发《关于加强社会团体和民办非企业单位管理工作的通知》（中办发〔1996〕22 号），学会通过检查、清理和整顿，经中国科协审查通过，重新登记。

随着学科发展，学会二级学科成立专业委员会或分会的情况逐步增多。根据相关条例，理事会于 1989 年制定了召开二级学会组织会议申报程序，即理事、工作委员会、专业委员会或二级协会（学会）需每年提交翌年召开学术会议申请，经由理事会通过并经中国科协批准后，列为学会学术活动计划。第十三届理事会还于 2006 年召开会议，就新形势下学会及其分会的健康发展进行了研讨。

中国植物学会办公室（以下简称学会办公室）是在理事会领导下，秘书长具体负责，处理学会日常工作的常设机构。1978 年 10 月开始，学会办公室挂靠在中国科学院植物研究所。1989 年，学会办公室开始编印《学会简讯》，当年出版 5 期，为内部发行，此后每年不定期印发至各专业委员会、二级协会（学会）及各省市植物学会。《学会简讯》是继 1959 年所编《植物学会通讯》（只编印 4 期）的延续。2004 年，《学会简讯》停刊，后改在学会网站上发布。

2008 年开始，学会办公室编印了新版《中国植物学会会讯》（以下简称《会讯》）（季刊），作为学会的内部刊物，发行量达到 1 万份。《会讯》旨在全面、客观地反映学会工作和相关活动，提供学术交流和沟通的园地，为我国植物学科技成果交流发挥作用；并及时向会员和科技人员提供政策法规、活动信息、科技资讯和科研成果等一系列专业信息。此外，通过建立《会讯》通讯员制度，加强了学会与地方学会之间的联系，强化了信息畅通以及学会与会员之间的沟通和交流。为提高信息化管理水平，学会办公室于 2006 年建立学会官网，并进行了多次改版。通过不断加强信息化建设，并利用网络发挥专业整合和资源共享的优势，提高学会知名度，增强学会凝聚力，使广大科技工作者受益。

1989 年初，学会征集会徽设计方案，征集作品 50 余件，最终，中国科学院植物研究所吴彰华设计的图案被选定为中国植物学会会徽（图 3-2，左），黑龙江省自然资源研究所曹雅范设计的图案被选定为中国植物学会夏令营营徽。2015 年对会徽进行了重新设计，修改后的会徽（图 3-2，右）沿用至今。

图 3-2　中国植物学会会徽旧版（左）和新版（右）

为促进京外理事对学会工作的了解、学会与各省市植物学会及会员之间的信息交流，学会于 1988 年编写了《中国植物学会会员名录》，由各省市植物学会名录汇总而成。此时学会共有会员万余名，包括 8 名外籍通讯会员。

第二节　引领学科发展：推动学术交流和科普宣传

一、丰富学术活动，促进学科交叉

学术年会是学会推动学科发展和学术交流的重要方式，年会学术报告对引领植物学科的发展产生了重要影响，对中国相关领域的研究起到了十分积极的推动作用。1978 年，在云南昆明召开的四十五周年年会是中国植物学会在粉碎"四人帮"之后首次召开的大型会议，参会代表近 300 人，有学会成立初期的成员、学界有名望的老前辈和新中国成立后培养的广大中青年植物学工作者。这次年会是中国植物学会成立以来，代表最为广泛、人数最多，规模最大的一次盛会。年会收到学术论文达 630 篇，与上届年会（1963 年）相比，不仅论文数量大幅度增加，而且在研究领域的广度和深度上，都前进了一大步。其中许多研究成果是学会被迫停止活动的十多年中，广大植物科学工作者在极端困难的条件下艰苦工作的结果。此次年会体现了三个主要特点：①植物学研究注重在广泛实践的基础上，普遍增强了基础理论的研究，出现了不少突出的研究成果；②各分支学科的互相渗透和新技术、新手段得以广泛应用；③关注到如何将基础理论研究直接或间接为生产服务的问题。本次年会上，吴征镒的"论中国植物区系分区的问题"、张宏达的"华夏植物区系的特点"和朱浩然的"胜利油田某些地区沉积相的讨论"等报告，都是论据充分、分析精辟、具有我国特色的理论性成果，引起了与会者广泛关注和积极反响。

1983 年，学会召开以"中国植物学的过去、现在及将来"为主题的中国植物学会五十周年年会暨第九届会员代表大会，理事长汤佩松做了题为"对我国植物学今后发展的几点看法"大会报告（图 3-3），提出"创新植物学"概念，是指结合分子和经典植物学的方法，以新的思路综合研究植物学中的重大问题和按照人们的需要去改造植物界，并提出至 20 世纪末中国植物学主要有以下三个任务：①植物学的各分支学科应当建立起完备的理论、基本资料和实验技术，特别要优先发展本学科中与国民经济密切相关的那些领域；②充分发挥现有潜力，调动各个分支学科植物学家的积极性，全面调查我国植物资源，合理开发和利用我国的植物基因库；③积极地、有步骤地开拓和发展

"创新植物学"这个新兴领域，采用新概念、新技术改造老学科，大力促进植物工程学的研究，在我国开创植物工业和植物遗传工程等新兴产业。"创新植物学"建立在宏观、微观相结合，开展综合研究的理念之上，鼓励整合分子生物学和经典植物学的方法，指明了植物学研究未来的发展方向。

图 3-3　汤佩松理事长做"对我国植物学今后发展的几点看法"报告（1983，太原）

　　1988 年 10 月，中国植物学会五十五周年年会暨第十届会员代表大会在四川成都召开，大会继续推进植物学科的发展，探讨了"植物学在国民经济发展中的作用"和"植物基因工程的研究与进展"等问题（图 3-4）。在本次大会上，理事长汤佩松致开幕词，并回顾了植物学会成立 50 余年的历史，总结了近 5 年来的工作，展望了植物学的未来。大会按学科分组进行学术报告，小组会上与会代表们对各学科的发展现状和趋势进行了热烈的讨论，并提出了诸多宝贵意见。会议期间，还利用晚上的时间组织召开了"植物学前沿课题青年研讨会""大中学植物学教学研讨会"等专题讨论会，并讨论了与会者提出的一些比较迫切需要解决的问题，包括濒危珍稀植物的抢救，植物学应用和前沿课题的开发，现代化实验手段的建设等。其中，现行植物学教学手段落后、内容不足，教师队伍质量下降和后继无人等情况是研讨会上集中反应的问题。

图 3-4　中国植物学会五十五周年年会暨第十届会员代表大会代表合影（1988，成都）

1993 年 10 月，在北京召开的中国植物学会第十一届会员代表大会暨六十周年学术年会以"植物科学与人类未来——九十年代中国植物学的任务"为主题，探讨了当前植物科学的发展动向与中国科学家应有的对策、植物与人类环境、植物多样性的保护与控制、植物分子生物学的现状与展望、植物学的人才培养、植物科学在人类社会经济发展中的作用等。会议指出，随着未来人口的不断增长和社会发展，世界将面临资源、人口、粮食、环境等危机，这些问题无不与植物科学的发展有直接关系，因此作为一个植物学工作者肩负着极其光荣而艰巨的任务。

1998 年 12 月，中国植物学会第十二届会员代表大会暨六十五周年学术年会以"迈向 21 世纪的中国植物学"为主题，邀请多位学界翘楚及海外学者做大会报告，包括张新时的"两极分化与融合中的植物科学"，美国科学院院士彼得·H. 雷文（Peter H. Raven）的"21 世纪中的生物多样性、生物技术与可持续利用"，国际植物园保护联盟（Botanical Garden Conservation International，BGCI）秘书长彼得·怀斯·杰克逊（Peter Wyse Jackson）的"植物园作为生物多样性保护的一种全球资源"等，参会代表达 450 人，其中包括来自中国台湾和香港地区的 12 位学者。大会还探讨了生物多样性的研究，植物分子系统学及分子进化研究，以及光合作用与农业、资源环境、能源和信息学的关系等。大会设 5 个分会场，就植物系统与进化、结构与生殖生物学、植物生态与环境生物学、生理发育与分子生物学、植物资源及植物化学等进行了广泛的学术交流。

2003 年 10 月，在四川成都召开的中国植物学会第十三届会员代表大会暨七十周年学术年会以"二十一世纪的植物科学与我国的可持续发展"为主题，探讨了 21 世纪科学发展的趋势、中国水稻功能基因组计划研究、植物园与植物资源保护和持续利用等。在开幕式致辞中，理事长匡廷云指出，学会成立七十年以来，经过几代植物学家的不懈努力，我国植物科学已形成了分支学科齐全的科研和教学体系，具备了上万名从事植物学研究和教学工作的队伍，取得了许多重大科研成果和教学成果，为我国国民经济的发展，人民生活与健康水平的提高，生存环境的改善和保护等都起到了十分重要的作用。21世纪将是一个生命科学飞速发展的世纪，随着人口增长和社会发展，我们将面临更多的机遇和挑战，让我们共同努力，为我国植物科学事业的繁荣发展作出更大的贡献。本次会议还通过了中国植物学会新的会章，讨论和原则上通过了中国植物学会高级会员管理条例草案。

　　2008年7月，中国植物学会第十四届会员代表大会暨七十五周年学术年会在甘肃兰州召开。大会以"植物科学——基因、环境、社会"为主题，来自全国100余所高校和60余所科研机构的800余名代表参加了大会（图3-5）。和以往相比，这届大会参会青年学者的比例明显增加，表明了我国植物科学事业蓬勃发展、后继有人的良好态势；年会还特别关注西部地区生态环境相关研究，对如何提高西部地区生命科学领域的科学研究和人才培养进行了深入研讨，获益匪浅。第十四届理事长洪德元院士（图3-6）在致闭幕词时特别强调，在科学技术日新月异、迅猛发展的今天，中国植物学工作者要同心同德、同心协力、开拓创新，努力使我国的植物学事业发展到一个新的高度。

图3-5　中国植物学会第十四届会员代表大会暨七十五周年学术年会会场

（2008，兰州）

图 3-6　学会第十三届理事会理事长韩兴国研究员向新当选理事长洪德元院士（左）表示祝贺（2008，兰州）

专业学术活动的广泛开展极大地推动了学科间的交流和相互促进。自 1983 年之后，随着国民经济的增长，国家对科学研究投入逐步增加，学会各专业委员会主持召开学术会议或学术讲座增多，学术活动在全国各地举行，呈现一派学术繁荣的景象。1988 年 8 月，全国植物资源开发利用学术研讨会在长白山召开，会议涉及植物资源与植物资源的调查研究、植物资源再生和增殖方面的研究、植物资源的开发利用研究、种质资源的研究等，本次会议对植物资源的开发和利用起到重要的推动作用。

随着学科分支的不断发展，学术交流活动逐年增加。2003 年，第十三届理事会积极推动了各专业委员会和分会组织的学术活动，古植物学学术讨论会、植物园学术年会、系统与进化植物学研讨会、植物结构与生殖生物学学术研讨会、植物生理生态学学术研讨会、植物生态学前沿论坛、植物蛋白质组学学术研讨会、全国光合作用学术研讨会、药用植物及植物药学术研讨会等均成为系列性的学术会议，有力地推动了各学科分支的学术交流和健康发展。

2012 年 10 月，第十一届全国药用植物及植物药学术研讨会暨海峡两岸中药材品质安全研讨会在北京召开，会议围绕"药用植物可持续利用、第四次全国中药资源普查及中药材品质安全"展开，涉及第四次全国中药资源普查情况，药用植物资源保护与可持续利用，植物次生代谢与合成生物学，植物药与天然药物生物活性物质及作用机制，植物药鉴定新技术、新药开发及临床应用，民族药植物研究、中药材质量控制及品质保证等（图3-7）。交流内容除了植物，还扩展到中药复方等一些方面的研究进展和结果，包括一些新思路、新技术与新方法等，其中报告内容涉及药用植物资源利用与现代化研究、铁皮石斛资源开发与利用及其中药科学求证与转化等，得到了与会代表的一致好评。此次大会的成功举办，进一步加强了各单位专家、学者间的学术交流，增进了相互之间的了解，建立了新的友谊，对我国药用植物及植物药的研究产生了重要影响。

图3-7　第十一届全国药用植物及植物药学术研讨会暨海峡两岸中药材品质安全研讨会代表合影（2012，北京）

二、理论联系实际，服务国家和社会

植物科学研究不仅涉及植物生命的基础理论，同时也与国民经济和社会发展密切相关。因此，学会在组织学术活动和学术交流过程中，在鼓励创新性研究的同时，也十分关注植物多样性的保护和资源的开发，同时推动新技术、新方法在农林业生产中的应用。

1982年7月，学会在秦皇岛组织召开了中国植物学发展方向讨论会，特别关注与粮食、能源、环境保护、生态平衡等密切相关的社会重大问题。理事长汤佩松指出，植物学研究必须结合国家需要，各分支学科要互相配合。从1980年开始，学会积极动员各分支机构开展"中国植物学过去、现在和将来"的研究，对我国植物学各分支学科的发展进行回顾和展望，并征集了上千篇的研究论文，编印了《植物学研究论文汇编》等。在 1983 年五十周年年会时，完成了名为《中国植物学会过去、现在和将来》的综合报告。

1982 年 11 月，中国植物生态学、地植物学的回顾与展望讨论会在郑州召开。会议按地区和专题进行，分为热带和亚热带森林、温带森林、干旱和半干旱荒漠草原、青藏高原、植被制图和环境植物学（包括实验生态与指示植物和地植物化学）6 个组。会议回顾了植物生态学与地植物学在我国的发展情况，指出了研究中需要注意的几个问题，包括加强植被基本理论的研究，指出植被和植物实验生态学的研究是宏观与微观、定性与定量、植被与生态系统研究相结合的中心环节，加强环境植物学、环境保护、经济树木和农作物的生态学研究等。6 个组将本次会议讨论纪要整理成文，陆续发送于《植物生态学与地植物学丛刊》，侯学煜汇总撰写了《中国植物生态学、地植物学的回顾与展望》一文。

1990 年，学会与国家自然科学基金委员会、广东省植物学会联合主办了植物科学发展趋势及我国植物科学发展战略学术讨论会，相关内容随后被编入"二〇〇〇年的中国研究资料"第四十六集《二〇〇〇年的中国植物学》中。全书分为 4 个部分，包括国内外植物学的现状，植物学各分支学科 2000 年发展设想，2000 年中国植物学研究重点课题以及为发展 2000 年中国植物学应采取的必要措施和建议。该书内容极为丰富，是一部完整、系统的植物学方向的综合性资料，对我国植物学发展具有一定指导意义，为国家科学规划的制订提供了科学依据。

1994 年，学会积极响应中国科协学科发展与科技进步研讨会的号召，上情下达（图 3-8），理论联系实际，拓展学会的工作内容，服务国家与社会。期间，组织专家撰写《中国植物学 15 年来的成就及 21 世纪的植物科学与人类》一文，编入中国科协《学科发展与科技进步》一书；

另有《中国植物资源发展中的三个重大问题》刊登于《学科发展与科技进步学术研讨会简报》第 24 期，受到国家领导人重视。

图 3-8　匡廷云理事长向路甬祥院长汇报工作

学会还多次组织专家学者开展对我国干旱半干旱区生态建设决策咨询工作，开展了大量的实地调研和现场调研（图 3-9），期间撰写了《我国干旱半干旱区生态建设的建议》咨询建议书。

图 3-9　韩兴国理事长陪同相关领导视察内蒙古草原生态系统定位研究站

　　学会各专业委员会和分会的学术活动发挥其专业性的特点，尤其是把理论研究和实际应用相结合，努力解决国家经济和社会发展中的问题。例如，2004 年，第二届中国甘草学术研讨会暨第二届新疆植物资源开发、利用与保护学术研讨会在新疆召开，与会代表就新疆地区植物资源的基础性考察、种质收集与保育以及资源可持续利用等问题进行了研讨，对当地开展植物资源的保护和利用起到了重要的指导作用。

　　2009 年 12 月，全国种子科学与技术学术研讨会在湖南怀化召开，来自全国相关领域的 31 位专家学者应邀做报告，报告内容涉及种子发育与种子生产、种子休眠与萌发、种子寿命与种质保存、种子胁迫耐性和种子生态等，会议还探讨了国际种业前沿与热点问题。本次会议不仅展示了我国种子科学技术和优秀成果、加强了本领域的交流与合作，而且分析和讨论了建立产、学、研种业联盟的重要性和可能性。与会代表还就筹备成立种子科学与技术专业委员会展开了热烈的讨论，并具体落实申请成立的相关事宜。2011 年 5 月，第二届全国种子科学与技术研讨会在湖南长沙成功召开（图 3-10），并正式宣布成立中国植物学

图 3-10　中国植物学会种子科学与技术专业委员会成立大会暨第二届全国种子科学与技术研讨会（2011，长沙）

会种子科学与技术专业委员会。此次会议探讨了超级杂交水稻研究和中国作物种质资源保护与持续利用等研究内容，就种子科学和技术问题进行了广泛交流。袁隆平院士做了题为"我国超级杂交稻育种研究的新进展"的主题报告，内容涉及超级杂交稻研究的历程、为国家粮食安全所解决的重大科学问题以及中长期科学目标（图3-11）。会议期间，与会代表还参观了国家杂交水稻工程技术研究中心杂交水稻展览馆、湖南农业大学"耘园"科研基地、中国种子集团湖南洞庭高科种业股份有限公司的生产与加工基地等。

图3-11　袁隆平院士做题为"我国超级杂交稻育种研究的新进展"的大会报告

我国台湾的自然环境与植物分布与南方一些地区有很多相似的地方，在植物多样性利用和保护方面面临相同问题需要解决。2005年，学会组织召开了海峡两岸经济植物生物技术学术研讨会。与会学者认为海南岛与台湾岛有相似的热带环境，均有丰富的生物多样性，既有共性，也有互补优势。大陆学者提出在海南要发展"高科技绿色旅游业"等。台湾学者提出"中药科技岛"，对海南岛的未来规划也有借鉴意义。通过会议交流，双方表示有兴趣合作开展野生植物的代谢研究，特别强调要利用代谢组学的方法加快这一领域的研发，在有优势的水果、花卉和牧草植物方面优先研究，为两岛的植物生物产业提供技术依托，加快产业发展步伐。2012年3月，兰花分会组织由各省代表组成的23人代表团前往台湾参观考察，其间走访了台北、台南、高雄和花莲等地，考察了埔里兰花产业基地，参观了台湾兰展。此次访问活动增进了两岸同行间的了解和联系，为两岸在兰花培育、产销等方面交流与合作奠定了良好的基础。

2006 年，兰花分会在成都主办了"兰花产业与媒体关系论坛"，中国各省（区、市）以及韩国的产业代表、杂志与网络媒体 500 余人参加了会议。与会代表就兰花产业与兰花媒体如何消除产业与媒体的误会、增强相互间的理解与合作进行了友好而真诚的交流，使产业与媒体结成战略合作伙伴、谋求产业与媒体的双赢成为可能。2010 年，学会专门组织 36 位学者赴台参加海峡两岸苏铁类及兰科植物保育研讨会，对海峡两岸在苏铁及兰科植物保育方面科学研究前沿成果和前瞻性思考进行了交流并达成了有益的共识。

2012 年，中国植物学会植物园分会、中国科学院植物园工作委员会、中国公园协会植物园工作委员会、中国环境科学学会-植物环境与多样性专业委员会、中国生物多样性保护与绿色发展基金会主办的中国植物园建设与发展研讨会在陕西榆林举行（图 3-12）。来自全国 30 个知名植物园的 79 位代表，与榆林各县区林业系统、黄土高原绿色文化网络 40 个单位 150 位代表以及日本专家友人，共 230 位代表参加研讨会。研讨会对植物园建设和管理方面进行了深入探讨，交流了植物园建设在生物多样性保护、生态环境建设，以及促进经济发展中的重要作用，特别是对中国干旱区植物资源保育的意义和保育规划进行了探讨。研讨会上榆林地区的林业专家介绍了他们在退耕还林、防风固沙、改善环境的经验历程和成就，介绍了如何通过黄土高原绿色文化网络平台发挥民间作用，如何使农民积极主动地投入到保护沙漠地区植物资源工作中的经验。我国各植物园代表分享了建设植物园的成功经验，并对世界植物园最新发展动态进行了交流。

图 3-12 中国植物园建设与发展研讨会开幕式（2012，榆林）

除了将理论知识与实际结合，服务国家经济发展，学会还充分发挥资源优势，组织专家总结植物学科发展历史，为学科未来发展提供参考。1981年初，学会委托中国科学院植物研究所图书情报室，编辑《中国植物学文献目录》（以下简称《目录》）（三册），为中国从古代至1981年的植物学史。该书收录了1857年至1981年国人关于植物学研究文献，共2.8万条，其中三分之一以上文献附有中西文对照，还包括中国百余种古书中涉及植物学研究的内容。该书对学界了解中国植物学历史和成就极具参考价值。1995年，《目录》出版第四册，收录1981年之后发表的文献。1986年，《目录》获中国科学院科技进步奖三等奖。

为向学会六十周年献礼，1986年4月学会九届二次理事扩大会议上决定编写《中国植物学史》。该书全面概述和总结了我国几千年来，在植物学知识方面所积累的丰富资料，同时对我国现代植物学的建立和发展，特别是新中国成立以来植物学各分支学科蓬勃发展历程和取得的成就，均做了详细介绍。这是我国第一部全面总结中国植物学发展历史的书籍，对我国植物学的发展和经济建设起到重要的指导作用。

1994 年学会撰写了《中国植物学 15 年来的成就及 21 世纪的植物科学与人类》，回顾了改革开放 15 年中国植物科学的成就，展望了 21 世纪植物科学的发展。

三、国际奥赛领航，科普工作提速

图 3-13 钱迎倩研究员为中学生讲授植物学知识

科普工作是学会工作的重要内容，自 1978 年成立科普工作委员会以来，学会举办科普展览、出版科普图书、开展科普活动、主办科普杂志，科普形式多样（图 3-13）。20 世纪 80 年代，学会开始组织青少年夏令营以及全国中学生生物学竞赛活动，为国际生物学奥林匹克竞赛培养青少年人才。

1980 年，学会与《中国植物志》编委会、北京市植物学会等单位联合举办中国植物科学画展览；1981 年，在中国科协和共青团中央支持下，学会向全国发出"开展爱护生物活动"的倡议。各省市植物学会也组织了各种活动，如青少年生物夏令营、植物考察、标本采集等。《植物杂志》作为学会主办的科普杂志，普及效果甚佳，影响也甚广；1982 年，学会组织编写的植物学科普书籍，"生物学基础知识丛书"和《植物世界画册》分别由科学出版社和中国少年儿童出版社出版；1983 年，学会五十周年年会对我国植物学的研究、教学及科学普及工作的成果进行了总结与交流。学会还编印了《植物学研究论文汇编》和《植物学教学与科普论文汇编》，编写了《中国植物学会五十周年（1933～1983）》、

《中国植物学文献目录》、《中国植物园》和《植物引种驯化论文集》。2004～2008 年，学会组织了多次兰花博览会；2006 年，学会在深圳仙湖植物园举办"野生稻——撑起未来的米袋子"展览。

2008 年 9 月，由中国科协、中国科学院和北京市人民政府共同主办，以"保护生态环境，你我共同行动"为主题的 2008 年全国科普日北京主场活动在中国科学院植物研究所北京植物园举行。活动共分为主题展览区、动手体验区、美好生活区、科技成果体验区、科普游园区、科技行动区。时任国家副主席习近平等领导同志同首都各界群众和青少年一起参加了全国科普日活动。习近平充分肯定了活动主题，并表示此次活动主题紧紧围绕深入贯彻落实科学发展观，配合党和国家中心工作，是科协工作围绕中心、服务大局的体现。习近平等中央领导同志还参观了中国科学院植物研究所北京植物园科普实践中心、植物标本馆、系统与进化植物学国家重点实验室等，看望了植物研究所王文采、洪德元、匡廷云几位院士及其他科技工作者。同时表示贯彻落实科学发展观，很重要的一项任务就是要提高全民科学素质。希望广大科技工作者在搞好科学研究的同时，积极参与到科普活动中来，为提高全民科学素质，为实施科教兴国战略和建设创新型国家，作出新的贡献。

改革开放后，学会的一项重要工作是组织全国中学生生物学竞赛活动，并持续至今。20 世纪 90 年代，由于高考取消了生物学考试，导致生物学科教师流失严重，生物学科人才选拔和培养堪忧，且当时我国已在举办数学、物理、化学学科竞赛。1991 年，学会和中国动物学会联合兄弟学会向中国科协提出举办生物学科竞赛的申请，获得中国科协和教育委员会的同意。中国科协科普部召集会议商议，将全国中学生生物学竞赛的组织工作交由学会和中国动物学会负责。1992 年，两家学会联合成立全国中学生生物学竞赛委员会，同年创办了全国中学生生物学竞赛，比赛由各省（区、市）组队报名参加，意在激发中学生学习生物学的兴趣，推动生物学知识普及，促进中学生物学教学，引起社会对生命科学的重视。赛事比照国际生物学奥林匹克竞赛（International Biology Olympiad，IBO，以下简称国际生物奥赛）进行，同时通过竞赛选拔参加国际生物奥赛选手。1992 年 8 月，在北京陈经纶中学举行第一届全国中学生生物学竞赛，来自北京、上海、福建等 13 个省（区、市）代表队参赛。至 2012 年，在安徽的马鞍山市第二中学举办第 21 届全国中学生生物学竞赛，参与省份增加到 30 个，参赛选手达到 124 人。

2000 年起，受中国科协委托并经教育部同意，学会和中国动物学会开始组织举办全国中学生生物学联赛，参赛人数不断增加，至 2012 年共举办了 13 届，每年参赛人数约 10 万人。这项赛事为我国发现和选拔了一批未来生物学科技人才，受到社会、家长和学生的广泛好评，成为国内极具影响力的高中生物学科赛事。

国际生物学奥林匹克竞赛是 1990 年由部分东欧国家发起的面向高中生的国际生物学学科竞赛，旨在增进青少年对生物学的兴趣，并促进各国青少年相互了解与沟通，是一项民间赛事。从 1993 年开始，学会和中国动物学会每年从全国中学生生物学竞赛的优秀选手中选拔 4 名学生，组成国家代表队参加国际生物学奥林匹克竞赛，至 2012 年共参加 20 届，均取得优异成绩，其中有 4 次参赛的 4 名队员均获得大赛金牌（图 3-14；另见附件 9）。

图 3-14　参加 2009 年第 20 届国际生物学奥林匹克竞赛并获得大赛金牌的 4 名中国代表队成员
（左起：李争达、黄榕、郝思杨、张宸瑀）

早在 1997 年，学会和中国动物学会经国家教育委员会和中国科协授权向国际生物学奥林匹克竞赛委员会正式提出申请举办国际生物奥赛，并获得 2005 年第十六届国际生物学奥林匹克竞赛主办权，这是国际生物奥赛创办以来首次在中国举行。第十六届国际生物奥赛共有来自世界各地的 54 个国家与地区的 197 名选手参加了竞赛，另有 170 余名领队、教练参加了本届比赛活动，是历届参加国家和人数最多的一届。我国的 4 名参赛选手成绩优异，均获金牌。本届国际生物奥赛由中国科协主办，学会作为奥赛的业务指导单位之一具体负责赛事的会务组织工作。赛事组织委员会主席由中国科协主席周光召担任；执行委员会主席由北京大学生命科学学院赵进东教授担任。北京大学作为赛事协作单位承担了大量会务工作。

2012 年 5 月，由中国科协、中国植物学会和中国植物生理与分子生物学学会共同主办的第一届国际植物日，以"植物科学与人类生活"为主题在国内各地开展活动，数十万人次走进绿色世界，享受到植物科普知识盛宴。国际植物日是由欧洲植物科学组织于 2011 年发起，在全球 33 个国家和地区同时开展的一项科普活动，旨在让全世界尽可能多的人关注植物科学的重要性、感受植物科学魅力，介绍包括可持续生产食物的农业、园艺、林业以及非食品产品（纸张、木材、化工、能源和医药等）的相关知识。

第三节　提升国际地位：促进国际学术交流

一、国内外互访和交流

1978 年，我国实行对内改革、对外开放的政策，对外交往开始日渐频繁，国内外学术交流互访增多。同年 5 月，应中国科协邀请，由纽约植物园、阿诺德树木园等机构的专家学者组成的美国植物学代表团访问中国。在为期近一个月的访问中，代表团与中国的植物学家进行了广泛的交流，加深了中美科学家之间的了解，为后续两国的植物科技交流和合作奠定了重要的基础。

1979年5月至6月，以学会第八届理事长汤佩松为团长，殷宏章、吴征镒、徐仁、盛诚桂、李星学和俞德浚等专家及外事人员组成的代表团回访了美国，这是中国植物学领域首次由政府组团访问美国。代表团访问期间，中美植物学家在加利福尼亚大学伯克利分校召开座谈会，探讨了今后的合作事宜，具体包括：①图书、资料、标本、样品的交换；②中美合作采集调查；③中美共同召开学术讨论会；④共同组织翻译《中国植物志》等中文出版物。此次访美，植物分类小组到访了1872年创建的阿诺德树木园。该园与中国植物学家交往深厚，以研究东亚植物闻名于世，在20世纪初陈焕镛、钱崇澍、胡先骕、陈嵘和钟心煊等均在该园学习，其后李惠林、王启无和胡秀英等不仅在此学习，还在此长期任职。

此后的国内外互访活动日益增多，成为学会努力服务的任务之一。1982年7月，学会派出郭仲琛、郑光植参加在日本召开的第五届国际植物组织培养学术会议。同年，应日本植物学会邀请，派姜恕、鲁星和陈忠代表学会出席日本植物学会成立100周年纪念活动。此外，应第十三届国际植物学会议和美国植物学会的邀请，我国植物学者先后在美国和澳大利亚举办了中国科学画展览。1997年，时任理事长张新时院士参加了在中国香港召开的国际欧亚科学院院士会议（图3-15）。

图3-15　理事长张新时院士在国际欧亚科学院院士会议上讲话（1997，中国香港）

二、积极组织和参加国际学术会议

为了更好地了解国际植物学研究工作状况和发展趋势，学习别国的长处，促进国内植物学的发展，学会积极组织各类国际性会议。通过举办大型专业的国际会议，不仅推动植物学科的发展，为中国植物学赢得国际声誉，更彰显中国植物学家对世界的贡献。

1981年8月，在中国科协和中国科学院支持下，以理事长汤佩松为团长，中国科学院、教育部、中国农学会等机构选派的43位专家组成中国代表团，参加了在澳大利亚悉尼召开的第13届国际植物学大会。这是学会在新中国成立后首次派代表参加国际植物学大会，汤佩松应邀在本届大会上做了大会报告，产生了热烈反响，标志着中国植物学家重回国际舞台。

1987年7月，副理事长王伏雄、秘书长钱迎倩以及50余位中国植物科学家参加了第14四届国际植物学大会。本届大会上，副理事长王伏雄当选为大会的名誉副主席，并获得大会奖牌，这也是中国植物科学家第一次被国际植物学大会授予荣誉。

除参加国外的国际学术会议外，学会各专业委员会也积极行动，每年均组织召开多场国际学术会议。1986年9月，由植物生态学与地植物学专业委员会组织，在北京召开了国际山地植被科学讨论会，参会代表来自13个国家，其中国外代表31人，国内代表57人。1997年5月，苔藓专业委员会和中国科学院植物研究所共同主办了国际苔藓植物学讨论会，参会代表来自17个国家。理事长张新时为大会主席，国际苔藓植物学会主席、芬兰赫尔辛基大学教授T.柯普南（T. Koponen）做了主旨发言。

国际古植物学大会是世界植物学家、古植物学家和地质学家共聚的国际盛会，每4年召开一次，前5次均在发达国家举办。2000年，古植物学分会和中国古生物学会古植物学分会联合申请的第六届国际古植物学大会在中国秦皇岛召开，来自 30 个国家和地区的代表 210 人参会。大会组委会主席李星学致辞，美国科学院院士托马斯·N. 泰勒（Thomas N. Taylor）、英国皇家学会资深会员威廉·G. 查洛纳（William G. Chaloner）、中国科学院院士张弥曼均做了大会报告。本届大会在中国召开，促进了我国古植物学大发展，亦扩大了中国古植物学研究在国际上的影响力，推进了古植物学地区性和全球性合作研究向纵深发展。

秦仁昌是中国蕨类植物学家，为中国蕨类植物的研究奠定了基础，同时创建了蕨类植物分类系统，在国际上被广泛使用，具有较高的国际声望。1988 年，为纪念秦仁昌诞辰九十周年，在北京召开了国际蕨类植物学学术讨论会，来自 12 个国家的 76 位学者参加。分枝进化创始人之一威格勒做"蕨类植物的系统发育和分枝进化"报告，邢公侠做"中国蕨类植物研究的过去和展望"报告。2001 年 5 月，由中国科学院植物研究所和美国密苏里植物园共同主办的中国蕨类国际研讨会在北京召开，来自中国、美国、日本和欧洲等 8 个国家和地区的代表参会。会议讨论了国际现行蕨类植物分类系统、中国蕨类植物分类系统、《中国植物志》英文修订版蕨类部分编研等重要工作。会后，中外学者在江西的中国科学院庐山植物园参加"蕨苑"揭牌仪式，并到中国蕨类植物研究创始人，该园第一任主任秦仁昌墓前敬献花篮。本次会议进一步肯定了中国植物学家秦仁昌对世界蕨类植物系统和分类的突出贡献，也为《中国植物志》英文修订版蕨类部分的编研奠定基础。

自 2004 年以来，随着学科的发展，各分支机构积极举办国际会议，推进了各专业的发展和国际交融，包括 2004 年 9 月在北京举行北京植物分子生物学与生物信息学国际学术研讨会，2005 年 10 月在南京召开中国苔藓植物学奠基人陈邦杰先生百年寿辰国际学术研讨会，2006 年 5 月在长沙召开植物分子生物学前沿国际研讨会、在北京召开第二届国际植物神经生物学研讨会（图 3-16），2007 年 6 月在北京召开第十八届拟南芥国际学术大会，2009 年在北京召开的中国-新加坡双边能源植物研讨会，2011 年在深圳召开的第九届国际苏铁生物学大会，2012 年在河南新乡召开的第三届中印喜马拉雅地区生物多样性及环境变迁学术研讨会。

图 3-16　第二届国际植物神经生物学研讨会代表合影（2006，北京）

2007 年 6 月，生命之树国际学术研讨会在北京召开，来自 7 个国家 60 多个科研机构和大学的 230 余位代表参加了会议（图 3-17）。其中，37 位特邀代表做了大会学术报告和交流，报告了在利用分子生物学手段构建不同生物类群的生命之树所取得的研究成果。特邀代表包括了 2 位美国科学院院士、1 位英国皇家学会成员和 3 位中国科学院院士。参会专家学者就生命之树研究的意义、国内外进展、如何启动我国生命之树研究项目，如何开展中美之间实质性的合作进行了认真的探讨，并在加强学术交流、尽快启动和开展我国该领域研究项目等方面达成了共识。

图 3-17　生命之树国际学术研讨会代表合影（2007，北京）

　　2009 年，第一届国际整合植物生物学学术研讨会在山东烟台召开，来自美国、英国、法国、日本、荷兰和中国的 320 余位代表出席会议，包括许智宏院士、武维华院士、美国科学院院士彼得·奎尔（Peter Quail）教授和法国科学院院士威廉·卢卡斯（William Lucas）教授等一批国内外知名学者做了大会报告，为推动整合植物生物学的发展起到了开创性作用。2010 年，系统与进化植物学前沿国际学术研讨会在北京召开，理事长洪德元院士和国际植物分类学会主席大卫·马伯利（David Marbberley）教授担任大会主席。会议侧重学科前沿进展，关注系统与进化领域的长远发展。参会学者交流热烈，学术观点新颖，得到国际同行的高度赞誉，为进一步开展国际学术合作奠定了坚实基础。2010 年，全国地衣与苔藓系统学研讨会在杭州举行，参会代表来自芬兰、匈牙利、德国、俄罗斯、印度、日本、韩国和中国（图 3-18）。会议内容涉及化石、孢粉、分类、形态、系统、方法、应用、生态和植物地理。本次国际讨论会组织出色，受国内外代表称赞，也为地衣和苔藓系统研究的未来方向做了多学科的探索。但国内外代表亦反映了地衣和苔藓两门学科的分类学研究尚十分不足，标本鉴定工作落后，人才基础还极薄弱。关于地衣和苔藓系统学研究，尚有待今后不断深入探索，这将是一项长期的目标和任务。

图 3-18　全国地衣与苔藓系统学研讨会代表合影（2010，杭州）

2012 年 9 月，植物·文化·环境国际论坛暨中国植物学会古植物学分会第十六届学术年会在河南新乡召开，来自印度、英国、美国和法国等国家的 16 位专家学者以及国内 96 个单位的 176 位专家学者和研究生参加了会议（图 3-19）。英国皇家学会院士、林奈学会主席、卡迪夫大学戴安·爱德华兹（Dianne Edwards）教授参加了会议。其中，10 位国内外知名学者分别做了大会特邀报告，内容涉及早期陆地植物、人类与环境的关系、植物考古、世界遗产等方面。会议分为两个专题：植物演化与资源保护（古植物与孢粉学专题）、植物文化与园林植物。与会

图 3-19　植物·文化·环境国际论坛暨中国植物学会古植物学分会
第十六届学术年会（2012，新乡）

代表围绕植物演化与环境变化的关系、植物与人类在长期选择与被选择过程中形成的共生关系和文化现象等主题进行了充分交流和探讨。同年，在北京召开的第十届国际克隆植物生态学研讨会是该系列会议首次在欧洲以外的国家举行，115 位克隆植物生态学专家学者参加了会议。会议围绕克隆植物生态学研究的热点和前沿问题进行了充分的学术交流和热烈的讨论，全面展示和研讨了国际上克隆植物生态学研究的最新成果和研究方向，对学科发展和国际合作都起到了积极的推动作用。

三、成功申办第 19 届国际植物学大会

国际植物学大会（International Botanical Congress，IBC）被誉为植物科学界的"奥林匹克"，由国际植物学和真菌学联合会（International Association of Botanical and Mycological Societies，IABMS）发起，自 1900 年在法国巴黎召开第 1 届大会以来，已有百余年历史，自 1969 年美国西雅图第 11 届大会之后，每 6 年举办一次，是全球植物科学领域水平最高、影响最大的国际盛会。

随着我国科技的发展和整体实力的提高，植物科学研究得到迅猛发展，研究能力和水平令世界瞩目，在中国举办国际植物学大会已是众望所归。因此，以洪德元院士为理事长的第十三届理事会把申办 2017 年第 19 届国际植物学大会作为理事会最主要的工作。经过学会理事会多次充分研讨（图 3-20），于 2009 年 7 月的常务理事会上正式确定深圳为主办城市。随后，在与承办城市深圳市政府多年的共同努力，于 2010 年在南非、巴西、墨西哥等申办国中胜出，成功获得了第 19 届国际植物学大会的举办权。这是 100 多年来，国际植物学大会（IBC）首次在发展中国家召开，标志着中国植物科学进入了一个新的发展阶段。

图 3-20　在确定申办城市的常务理事会上，时任理事长洪德元和名誉理事长匡廷云建言献策（2009 年，北京）

　　中国植物科学家和植物学工作者与国际植物学大会有着很深的渊源。早在 1926 年召开的第 4 届国际植物学大会（美国纽约）上，就见到了中国科学家的身影。在后续的两届大会上（1930 年英国剑桥、1935 年荷兰阿姆斯特丹），中国科学家都积极参与并有不俗表现。自 1935 年开始，由于各种原因，中国植物学者与这个国际学术会议的联系中断。1978 年，学会恢复工作后，着手重返国际植物学大会这个舞台。

　　1981 年 8 月，第 13 届国际植物学大会在澳大利亚悉尼召开，汤佩松院士率领了 43 人代表团参加会议，并做了"中国植物学概况"的大会报告，向全世界介绍中国植物科学的成就和现状，受到国外同行的关注和赞扬。从那时起，在中国举办国际植物学大会就成为我国植物科学工作者和许多外国同行的美好愿望。自 1987 年在柏林召开的第 14 届国际植物学大会开始，中国植物学会在历次大会上都提出主办 1 届国际植物学大会的意愿，均因种种原因未能得到相关国际组织的支持。在 1988 年中国植物学会五十五周年年会暨第十届会员代表大会，理事长王伏雄专门介绍了第十四届国际植物学大会的概况（图 3-21），积极推动植物学会申办国际植物学大会的准备工作。2005 年 7 月，第 17 届国际植物学大会在奥地利维也纳举行，100 多位中国植物科学工作者出席了这次大会。大会的盛景让大家再次坚定了要在中国举办国际植物学大会的决

图 3-21　理事长王伏雄在学会五十五周年年会暨第十届会员代表大会做报告（1988 年，成都）

心。尤其是近 10 年，随着中国整体实力的提升和科技的迅猛发展，中国植物科学研究水平也得到显著提升，人才队伍的成长和创新能力更令世界关注，在中国举办国际植物学大会已是众望所归。

2008 年初，第十四届理事长洪德元院士在上任伊始就提出，要在本届理事会任期全力申办国际植物学大会，并于同年 8 月向 IABMS 正式提出主办第 19 届国际植物学大会的意向书。2008 年 10 月，学会发出《关于征集"第 19 届国际植物学大会"承办单位的公告》，于 11 月收到深圳市关于第 19 届国际植物学大会的正式申办意向书。经常务理事会讨论并表决，决定由学会和深圳市政府共同申请主办 2017 年国际植物学大会，随即成立了由学会和深圳市政府共同组成的申办工作组，于 2009 年 8 月正式提交了举办 IBC 2017 的申请书。申办期间，各项工作获得国内外广泛的支持，中国科学院院长、全国人大常委会副委员长路甬祥，国家自然科学基金委员会主任陈宜瑜，英国爱丁堡皇家植物园主任斯狄芬·布莱克默（Stephen Blackmore）教授，芝加哥大学彼得·克瑞恩（Peter R. Crane）教授，奥地利维也纳大学弗里德里希·埃伦弗里德（Friedrich Ehrendorfer）教授，美国密苏里植物园主任、美国科学院院士彼得·雷文（Peter H. Raven）教授，美国国家科学院副院长、华盛顿大学巴巴拉·沙尔（Barbara A. Schaal）教授，奥地利维也纳大学托德·斯图西（Tod Stuessy）教授等都发来了支持信函。

2009 年 12 月，IABMS 主席布莱克威尔（Blackwell）教授来函通知，经 IABMS 特别遴选委员会投票表决，中国从提出申办的 4 个国家

（除中国外还有巴西、墨西哥和南非）中胜出，获得2017年国际植物学大会的主办权。随后，根据IABMS特别遴选委员会对IBC 2017筹备方案提出的若干调整意见，申办工作组对大会筹备方案进行了完善。2011年7月30日，在第18届国际植物学大会（澳大利亚墨尔本）闭幕式上，中国深圳举办第19届国际植物学大会的议案通过了大会表决，IABMS主席正式宣布，第19届国际植物学大会将于2017年7月23日至7月29日在中国深圳召开，由中国植物学会和深圳市人民政府共同承办。

2011年1月，学会和深圳市人民政府共同组建了第19届国际植物学大会筹备工作委员会，理事长洪德元任筹备工作委员会主任委员之一。筹备工作委员会于2011年3月15日在深圳举行了第一次会议，标志着第19届国际植物学大会筹备工作正式启动（图3-22）。学会和深圳市政府非常珍惜举办本届大会的机会，对办好这一盛会高度重视，提出"世界眼光、一流标准"的目标，秉承"政府搭台、学会唱戏"的原则，实现"通力合作、无缝衔接"。按照双方沟通的方案，学会重点负责会议的学术规划，深圳市政府重点负责会议的设施和服务组织，做好人财物等各方面保障。双方将"主动作为、扎实推进"，力争将学会的专业技术等优势与深圳市的政府支持和产业等优势结合起来，形成优势叠加，高质量完成大会的各项筹备工作。

图3-22　第19届国际植物学大会筹备工作委员会第一次会议召开（2011，深圳）

2011 年 7 月，学会和深圳市政府组成联合代表团参加了在澳大利亚墨尔本召开的第 18 届国际植物学大会，仔细观摩、悉心学习国际会议筹备经验（图 3-23）。代表团在充分了解会议学术活动组织情况的同时，积极参与所在学科的学术交流，了解学科的发展趋势，并在会后从不同角度对大会进行了全面总结。其间，代表团成员利用各种场合和机会向国际同行宣传中国植物科学家所取得的成果以及下届深圳国际植物学大会的办会理念；学会代表和深圳市代表还多次召开联席会议，交流对举办国际植物学大会的认识，共同审查第 19 届国际植物学大会宣传短片和相关资料，对会后如何筹办好深圳大会进行了深入探讨。

图 3-23　参加第 18 届国际植物学大会的部分中国代表在第 19 届大会宣传展台前合影（2011，墨尔本）

第四节　启动人才战略：举荐、扶植和表彰

一、推动青年人才成长

"文化大革命"期间，国家科研、教育等部门和机构受到较大冲击，正常的科研和教学活动受到干扰，进展缓慢。1978 年改革开放后，学

会的各项工作步入正轨，但面临植物学科研和教学人才青黄不接的局面。为此，学会开始重视青年人才问题，在各类活动中有意识培养青年科技工作者，组织了多场以青年工作者为主的学术讨论会。1988 年，第十届理事会决定成立青年工作委员会，由钱迎倩任首任主任，委员会每年均组织学术活动。

1988 年 10 月，学会组织召开了植物学前沿课题青年讨论会。翌年 10 月又在北京组织召开了全国系统与进化植物学青年研讨会。会议将参会年龄限定在 39 岁以下，邀请本研究领域知名专家、教授到会做报告，指导及解答问题。此后该系列研讨会每两年举办一次，延续至今。1990 年 8 月，植物生态学青年研讨会在北京召开，张新时、陈灵芝、陈昌笃等分别做当前生态学动态及大家感兴趣议题的报告。会议期间，还就青年工作者如何承上启下、肩负起中国植物生态学研究历史使命等问题进行了各种形式的讨论，共同发表《致全国植物生态学青年工作者的公开信》。

中国科协对青年人才的培养一直十分重视。1989 年 9 月，中国科协举行全国性学会、协会、研究会秘书长工作会议，特别将"青年工作"作为重点，指出我国科技队伍存在断层，迫切需要后起之秀大量涌现，鼓励学会为优秀青年科技人才在学术上崭露头角创造条件，做好服务工作。1991 年 5 月，中国科协在组建第四届全国委员会时，下达给学会三位代表名额，其中一位限定在 35 岁以下、成绩突出的青年科技工作者。植物学会选出王伏雄、路安民和陈家宽为代表参加委员会。1990 年 3 月和 4 月，学会青年工作委员会就"21 世纪人才的培养和使用"主题召开了两次讨论会，深入研讨人才断层问题。钱迎倩曾发出呼吁：21 世纪中国植物学在国际舞台上要有所作为的话，主要靠年轻一代，应让他们担担子，扶植他们尽早走上科技舞台，论资排辈大大阻碍科技事业的发展，应彻底打破。我们应从各种渠道来提高青年人的知名度，切实解决青年人生活和工作上存在的困难。2008年，七十五周年年会期间专门举办了青年论坛，200多位青年学者参加。其间，除进行学术交流外，青年学者代表还介绍了各自成长经历和对追求事业的过程体会；理事长洪德元院士亲自到会与年轻人分享植物科学研究的苦与乐。

二、举荐、扶植和表彰各类优秀人才

改革开放以来，学会为鼓励人才成长，启动各类人才的举荐、表彰和奖励工作。1987年，中国科协设立中国科学技术协会青年科技奖，该奖学科覆盖面广，评审专家层次高，评审严，获奖者科技成果显著，因而产生广泛而良好的社会影响。中国植物学会组织推荐的候选人多人获奖，如祖元刚（1988年）、顾红雅（1990年）等。1994年，中国科学技术协会青年科技奖更名为中国青年科技奖，改由中共中央组织部、国家人事部、中国科协共同设立。为此，植物学会成立专家评审小组，严格把关、公正评审，对鼓励青年科技人员刻苦钻研、勇于创新起到了十分积极的作用。

为表彰植物科技工作者在科学研究中的杰出成就，鼓励广大会员致力于科研、服务社会，2008年7月，学会在第十四届会员代表大会暨七十五周年学术年会上，专门举行了仪式，特别表彰了学会先进青年科技工作者、学会先进工作者及从事植物学工作50年的植物学家。特别向学会名誉理事长、获得2007年度国家最高科学技术奖的中国科学院昆明植物研究所吴征镒院士颁发了中国植物学会终身成就奖。因身体原因，吴征镒院士未能亲临会场。会后，副理事长李德铢代表学会专门为吴征镒院士颁发了中国植物学会终身成就奖奖杯及证书（图3-24）。

中国科学院院士是国家设立的中国科学技术方面的最高学术称号，荣誉崇高，学术权威，故而增选院士受到科学界高度重视和全社会瞩目。1991年，中国科协开始承办推荐中国科学院生物学部委员候选人工作，全国各学会作为主要推荐渠道。根据中国科协的工作要求，学会成立学部委员推荐小组，向各省（区、市）植物学会及本会学部委员发布通知，推荐学部委员

图3-24 李德铢副理事长代表学会看望吴征镒院士（右）并颁发中国植物学会终身成就奖奖杯和证书

人选，经过一系列审核和讨论等程序，向中国科协推选出最能代表中国植物学界学术水平、最具权威的植物学家。1991年，学会首次推选的三位专家当选，分别为：北京农业大学阎隆飞、中国科学院植物研究所张新时和中国科学院植物研究所洪德元。此后，由学会推荐的王文采（1993年）、匡廷云（1995年）、许智宏（1997年）等均依次当选。

1997年，中国科协开始设立"全国优秀科技工作者"称号，旨在大力弘扬尊重劳动、尊重知识、尊重人才、尊重创造的良好风尚，充分调动和激发广大科技工作者在实施创新驱动发展战略中的创新热情和创造活力。学会推荐的候选人有8人当选（见附件6）。

第五节 提升影响力：打造高质量学术期刊

自1934年《中国植物学杂志》出版始，办好科技期刊一直是植物学会重点工作之一。到20世纪初，学会主办的7种期刊一直是展示中国植物科学研究成果的重要窗口。除《植物杂志》、《植物分类学报》和

《植物学报》外，1980 年和 1981 年，《生物学通报》和《植物生态学与地植物学丛刊》相继复刊，新刊有《真菌学报》（现《菌物学报》）和《植物学通报》。

受国内科研评估等因素的影响，国内大量优秀稿件流向国外期刊，对办好中国期刊有很大的冲击。在此形势下，学会挂靠单位中国科学院植物研究所在人力和物力等方面给予大力支持，各期刊都采取了一系列措施，发挥编委会的指导作用，吸引优秀稿源，努力提升刊物的学术质量。《植物学报》、《植物生态学报》和《植物分类学报》都明显加快了走向国际化的步伐，包括增加外籍编委、发表全英文文章、加长英文摘要，以及向国外约稿等。

在历届理事会和学会领导的鼓励和支持下，学会主办的期刊在学术质量、稿件审理和出版发行等各个环节均有显著提升，被国内外主要检索系统和数据库收录，影响力逐年提升。随着改革开放的深入，国际学术交流逐渐频繁，期刊国际化趋势明显。2003 年，第十三届理事会对学会与中国科学院植物研究所共同主办的 5 种期刊提出了改革意见。《植物杂志》与高等教育出版社联合办刊，并更名为《生命世界》。《植物学报》与国外的出版机构的合作，于 2005 年更名为 *Journal of Integrative Plant Biology*。《生物多样性》于 2006 年纳入学会主办期刊。《植物分类学报》被美国科学信息研究所（ISI）的 SCIE（Science Citation Index Expanded）和 CC（Current Contents/Agriculture，Biology & Environmental Sciences）两个数据库收录，于 2009 年改为英文刊物，英文名为 *Journal of Systematics and Evolution*（JSE）。《植物学通报》自 2009 年第一期起，启用新的刊名《植物学报》，旨在打造为国内植物学科最有影响的综合性学术刊物。

2002 年始，各期刊均建立起自己独立的网页；2004 年始，各期刊逐步实现了全文网络版发表，并免费查询和全文下载。有 4 种期刊加入了国际著名开放阅览期刊目录。*Journal of Integrative Plant Biology* 获科技部中国科技信息研究所发布的第三届、第四届百种中国杰出学术期刊和第三届国家期刊奖提名奖，2006年、2007年、2008年连续三年获得中国科协精品科技期刊工程 A 类资助，同时也是国家基金委重点支持的 32 种期刊之一。《植物生态学报》入选百种中国杰出学术期刊，2007年和2008年获得中国科协精品科技期刊工程 B 类资助。《生物多样性》亦入选百种中国杰出学术期刊，2008年获得中国科协精品科技期刊工程 B 类项目资助。《生命世界》于 2010 年被授予"北京科普传媒基地"的荣誉称号，得到社会各界的广泛认可。

第四章

绿色文明：中国植物学会的新时代（2013～2023年）

　　党的十八大以来，我国进入国民经济和社会发展的新时代。党的十八大报告提出"把生态文明建设放在突出地位，融入经济建设、政治建设、文化建设、社会建设各方面和全过程"，绿色文明发展深入到社会的各个层面。随着生命科学的快速发展，推动生态文明建设、实现绿色可持续发展，也对植物科学及其相关学科提出了更高的要求。服务国家重大需求，提高原始创新能力，是每一位植物科学工作者的重要责任。

　　近10年，中国植物学会紧跟党中央步伐，坚持党的领导，不断完善自身建设；努力加快植物学科的创新性发展，推动不同学科间的交叉融合，开展多层次的学术交流；积极承担提高公众科学素质建设重要职责，创新方式打造品牌，不断普及植物科学知识；大力举荐优秀青年人才，为人才成长搭建多层次平台，助力青年人才脱颖而出；多维度打造龙头期刊，持续提升期刊学术影响力，推动数字化、集约化、国际化发展；加强智库建设，围绕粮食安全、乡村振兴等国家关注的重大问题，

撰稿人：阴倩怡、葛颂、姜联合

组织专家积极建言献策；持续开展中学生生物竞赛活动，不断培养植物科学研究后备力量。学会始终履行为科技工作者服务、为创新驱动发展服务、为提高全民科学素质服务、为党和政府科学决策服务的职责定位，团结广大植物科学工作者，为服务国家需求和推动植物科学发展而努力奋斗。

第一节 坚持党的领导，推动学会高质量发展

一、坚持党的领导、加强党的建设

坚持党的领导，成立党的组织。中国植物学会坚持党的领导，始终将政治建设摆在首位。2016 年，为实现党的组织和党的工作全覆盖，学会研究制定了党建工作方案，开始筹备成立学会党组织。2016 年 12 月，经中国科协科技社团党委批复，学会功能性党委正式成立，由第十五届副理事长种康同志担任党委书记，委员共 5 人。2017 年 1 月 20 日，经挂靠单位中共中国科学院植物研究所委员会批复，学会办公室与植物所文献与信息管理中心建立联合党支部，实现学会党的组织全覆盖。2018 年，学会党委与理事会同步换届。为进一步坚持党的领导，学会将党的建设相关内容纳入到章程中，坚持党的领导与学会依法依章程自主办会相统一的格局。

学会党委自成立以来，不断完善自身建设，制定了《中国植物学会党委工作规则》，认真履行"三重一大"事项前置审议等议事规则，强化意识形态阵地建设，加强对官方网站、微信公众号等媒介管理，把握正确导向。

加强党的建设，充分发挥政治引领作用。2021 年以来，学会先后组织开展了党史学习教育和学习贯彻习近平新时代中国特色社会主义

思想主题教育。主题教育期间,党委书记种康同志以"践行'四个面向',支撑国家粮食安全战略"为题做交流报告(图4-1),将科技创新和农业农村工作的重要论述与中国植物科学家的奋斗史相结合,鼓励广大科技工作者坚定理想信念,胸怀"国之大者",以国家重大战略需求和经济社会发展目标为导向,加快"卡脖子"难题关键核心技术攻关。

图4-1 "践行'四个面向',支撑国家粮食安全战略"报告现场
(2023,北京)

开展特色主题党日活动,加强党性教育。学会党委分别于2018年、2020年和2023年赴西南联合大学旧址、蔡希陶纪念馆(图4-2),学习老一辈科学家扎根边陲、献身科学的精神,增强了党组织和党员的凝聚力和向心力。

图4-2 中国植物学会开展主题党日活动掠影

大力弘扬科学家精神，引领科技价值观。学会在网站和公众号开设"科学家风采"专栏，广泛开展"最美科技工作者"宣传活动等，激励和引导广大植物科学工作者传承科学家精神，传承榜样力量。2022年，在中国科协举办的"科学也偶像"短视频征

图 4-3　学会荣获"最佳组织单位"

集活动中，学会推荐的5部作品有2部荣获三等奖，1部荣获"优秀视频"，学会荣获"最佳组织单位"（图4-3）。

二、创新机制完善制度，学会运行提质增效

学会积极探索工作新思路，不断完善议事机制，健全各项规章制度，提升服务能力，为学会运行提供根本保障。

建立省级学会理事长联席会机制，构建上下联动"一盘棋"的工作格局。2019年4月，中国植物学会省级学会理事长联席会在陕西西安召开（图4-4）。学会联合30个省级植物学会共同发起"植物科学助力国家绿色发展行动计划"倡议书，倡导广大植物科技工作者，面向国家重大需求，提升科技创新能力，加强植物资源的保护与开发利用，加强科学普及与传播，加强智库建设，努力为"建设美丽中国、共谋绿色发展"贡献力量。本次会议还调动整合各省级学会的科普资源，广泛动员开展"万人进校园"科普活动。2020年度中国植物学会省级学会理事长联席会于2020年11月在浙江金华召开（图4-5），20余个省级植物学会设置了视频分会场。会上发布了中国植物学会牵头组织制定的《植物科学领域高质量期刊分级目录》；邀请相关专家讲授植物科学前沿知识和科普工作技巧；为2019年的优秀科普作品和优秀组织单位颁奖，

并邀请相关专家进行经验分享，为增进各省级学会间的交流与合作提供了一个广阔的平台。

图 4-4 学会联合 30 个省级植物学会共同发起"植物科学助力国家绿色发展行动计划"倡议书（2019，西安）

图 4-5 2020 年度中国植物学会省级学会理事长联席会现场（2020，金华）

加强制度建设和信息化建设，不断提升学会管理效能和服务水平。近 10 年，学会制定完善各类管理办法 10 余项，涉及会员管理、资产财务管理、专业委员会（分会）管理、人才奖项推荐评审办法等多个方面。

随着信息技术的快速发展，学会于 2019 年开设了微信公众号和科普抖音号，为公众了解学会动态、提升科学素养提供了高效的途径。为更好地服务会员，学会在微信公众号中建立了在线注册、缴费模块，操作快捷方便，极大增强了会员注册便利性。

三、加强组织建设，夯实发展基础

会员是学会存在和发展的基础，分支机构是学会运行的力量源泉。近 10 年，学会不断完善会员结构体系，积极吸纳植物领域科技工作者入会，目前在册会员已超过 1.4 万名，荣获中国科协 2022 年度全国学会会员入库"优秀单位"（图 4-6）。随着学科发展和新兴领域的诞生，学会紧跟时代步伐，及时增设专业委员会（分会），新增蕨类植物专业委员会、水生植物资源与环境专业委员会、植物整合组学专业委员会和民族植物学分会、女植物科学家分会、智能植物工厂分会。

图 4-6　学会荣获 2022 年度全国学会会员入库"优秀单位"

四、加强内部监督，建立学会监事会

学会积极响应中国科协号召，在第十六届理事会上首次成立监事会，负责对理事会、工作会议以及财务等方面进行监督，确保学会更加健康发展。同时，在学会章程中增加了监事会相关内容，明确了监事会的组成和设立程序、监事会的权利与义务等。监事会还制定了《中国植物学会监事会工作办法》。

近 10 年，学会始终遵循植物科学发展规律，主动围绕"国之大者"，不断创新体制机制，坚持自身特色，团结广大植物科学工作者，坚持服务意识，不断提高社会影响力，在多个方面获得荣誉。2020 年，学会获评世界一流科技社团四星级，世界一流科技社团农业科学领域 10 强，世界一流科技社团中国社团 50 强。

第二节　坚持学术引领，搭建学术交流平台

中国植物学会遵循学科发展规律，根据国家发展需求和科技前沿布局，着力打造学术交流品牌，开展多层次的学术交流活动。学会及各分支机构抓前沿热点，促学科交叉融合，开展了形式多样的学术交流活动，在多个领域形成了为广大植物科学工作者熟知的品牌会议，在推进原始性创新，引领学科发展中发挥了很重要的作用。

一、成功举办第 19 届国际植物学大会，推动绿色文明深入人心

建立组织机构，全面启动大会筹备工作。自成功获得第 19 届国际植物学会大会举办权后，学会与深圳市人民政府高度重视，精心筹备，于 2014 年 10 月正式成立第 19 届国际植物学大会组织委员会（以下简称大会组委会），并召开了大会新闻发布会（图 4-7），向全球宣布第十九届国际植物学大会组织工作正式启动。

图 4-7　第十九届国际植物学大会新闻发布会（2014，深圳）

大会组委会确定了基本架构和组成人选。2014 年，中国植物学会名誉理事长、第十四届理事长洪德元院士和美国密苏里植物园名誉主任、美国科学院院士彼得·H. 雷文（Peter H. Raven）共同担任大会名誉主席；学会第十五届理事长武维华院士和深圳市市长许勤（后为深圳市委书记王伟中）担任大会主席；深圳市委常委刘庆生、中国植物学会第十五届副理事长朱玉贤和美国斯密斯研究所植物部主任文军（Jun Wen）为大会副主席；中国植物学会第十五届副理事长兼秘书长葛颂、深圳市政府副秘书长刘胜为大会秘书长。大会组委会下设顾问委员会、科学委员会和大会秘书处。其中，顾问委员会是大会的最高咨询机构，为大会组委会的工作提供指导和咨询，由大会名誉主席洪德元院士担任主任；科学委员会是大会最高学术机构，具体规划和组织大会的学术事项，由大会主席武维华院士担任主任；大会秘书处为联系和协调各职能机构的部门，由深圳市第 19 届国际植物学大会筹备工作办公室和中国植物学会办公室组成，负责落实大会的筹备和组织工作，并定期向组委会汇报大会筹备进展。大会组委会还专门成立了由大会主席武维华、大会名誉主席洪德元和彼得·雷文以及来自植物科学不同领域、具有全球影响力的 14 位中外专家组成的"植物科学深圳宣言"起草委员会（图 4-8），专门负责"宣言"的策划、起草、修改和完善。

图 4-8　第十九届国际植物学大会《植物科学深圳宣言》起草委员会部分专家合影

大会学术内容的设置和规划是会议组织的重中之重。2014年11月，大会科学委员会在北京召开了第一次会议，设置了6个学术工作组，明确了分工、工作计划与时间节点以及学术报告安排等事项。2015 年，大会成立了以武维华院士领衔的科学委员会执行工作组（以下简称执行工作组）。执行工作组召开了两次扩大会议，审议确定了大会报告人名单、完善了大会专题设置、制定了奖学金设置原则和评选办法，确保学术筹备工作顺利开展。在充分调研、广泛征求意见的基础上，执行工作组在全球范围内进行了多轮遴选和邀请，确定了 44 位顾问委员会成员和 47 位科学委员会成员，这 91 位成员来自 12 个国家，包括中国科学院、中国工程院院士 38 人，美国科学院、英国皇家学会会员等国外专家 18 人，涵盖植物学各个学科领域，具有充分的地域性（国家性）和学科代表性。

大会顺利召开，尽显中国风采。经过 8 年的精心筹备，2017 年 7 月 23 日至 29 日，由中国植物学会和深圳市政府共同承办的第 19 届国际植物学大会在深圳召开（图 4-9）。大会遵循党和国家提出的创新、协调、绿色、开放、共享的新发展理念，以"绿色创造未来"为主题，充分展现中国植物科学发展的新气象。国家主席习近平向大会发来贺信，时任国务院总理李克强作出批示（图 4-10），充分体现了中国政府对植物科学研究的高度重视和对广大植物科学工作者不断探索、勇于创新的激励。

时任中国植物学会理事长、大会主席武维华院士主持开幕式并致辞（图 4-11）。他表示，国际植物学大会是全球植物科学工作者的盛会，是植物科学研究领域多学科交流和合作的平台，举办一届国际植物学大会也是中国广大植物学工作者几十年来的夙愿。作为第一次在发展中国家举行的国际植物学大会，本届大会的举办无论对中国还是国际植物学界都具有重大意义。武维华理事长最后强调，人类离不开绿色，未来需要更多的绿色。中国植物科学工作者期待与全球植物科学家共同努力，促进植物科学和技术的不断进步，推进全球的可储蓄发展，建设一个人与自然和谐共存的绿色地球！

图 4-9　第 19 届国际植物学大会开幕式全景（2017，深圳）

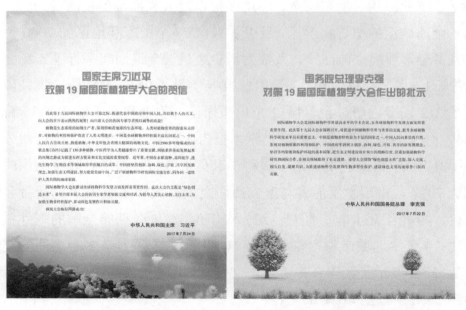

图 4-10　国家主席习近平向大会发来贺信（左）和时任国务院总理李克强作批示（右）

图 4-11　大会主席致辞

　　本届大会是一次学术盛宴，设置了生物多样性、资源和保护，分类学、系统发育和进化，生态学、环境和全球变化，发育和生理学，遗传学、基因组学和生物信息学以及植物与社会 6 大领域，涵盖植物基础科学、产业应用、生态安全、环境保护以及人类面临的挑战等内容，汇聚了全球一流的植物科学家，吸引了来自 77 个国家和地区的 7000 余名代表参会，规模空前，参会人数为历史之最。会议期间举行了 5 场公众报告、12 场全会报告和 33 场主旨报告（图 4-12），并围绕六大领域设置了 212 场专题研讨会、1452 个口头报告，收录和展示了 972 个墙报、1449 个大会论文摘要。在各类学术报告中，中国学者的占比达四分之一；212 个学术专题中，由中国科学家负责或与外国学者联合组织的专题达 70 个，中国学者的参与度创历届之最。大会还组织了包括命名法会议、49 个卫星会议、期刊论坛、青年论坛、5 条遍布全国的野外科考路线、4 条本地城市考察路线以及 100 多个专业展览等多个层面的交流活动，充分展示了我国在推进生态文明建设、建设美丽中国取得的成就，彰显了中国特色和战略眼光。

图 4-12 第 19 届国际植物学大会主旨报告场场爆满（2017，深圳）

本届大会还设置了一个重要环节，即正式发布中英文版的《植物科学深圳宣言》（图 4-13）。宣言中提出植物科学研究者责任、强化对植物科学的支持、加强国际合作、建立新技术平台、加快地球生命的编目研究、保护植物和自然的文化多样性、鼓励公众参与 7 个优先领域行动战略，指导未来植物科学发展方向，以期在全球植物科学家群体与社会之间建立更紧密的联系。宣言的发布是国际植物学大会历史上具有里程碑意义的重要事件，将有力推动人类社会绿色发展和可持续发展。为了发布这一纲领性和指导性的文件，大会组委会专门成立了《植物科学深圳宣言》起草委员会，进行了精心的准备和策划，多次召开研讨会和广泛征求意见，得到了全球科学家和植物学工作者的积极响应和广泛赞誉，充分体现了中国作为大会东道主的责任和担当。

为促进国际植物科学的发展、交流和合作，中国植物学会和深圳市政府联合发起设立"深圳国际植物科学奖"（图 4-14）。该奖项是中国设立的第一个国际性植物科学大奖，也是国际植物学大会的永久奖项，旨在奖励为植物科学作出杰出贡献的各国科学家。首届深圳国际植物科学奖授予大会名誉主席、世界著名植物学家彼得•雷文，以表彰他在推动国际植物科学发展以及促进植物科学研究和技术创新、国际交流合作、教育发展等方面作出的重要贡献。此外，大会还将国际植物分类学协会的恩格勒金质奖章授予大会名誉主席、中国植物学会名誉理事长洪德元院士，表彰他在植物分类学作出杰出贡献。本届大会还设立了总奖金额超过 220 万人民币的"杰出学者"和"优秀学生"资助项目，来自 64 个国家和地区的 486 位知名学者和优秀青年学生获得资助，其中一半受资助者来自发展中国家，对欠发达地区植物科学的发展，起到了积极的促进作用。

图 4-13　第 19 届国际植物学大会向全球正式发布《植物科学深圳宣言》

图 4-14　第 19 届国际植物学大会设立"深圳国际植物科学奖"

作为第一次在发展中国家举行的国际植物学大会，大会的成功举办无论对中国还是国际植物学界都具有重大意义。本届大会定位"国际视野、一流标准"，充分展现"中国特色、深圳风采"，得到了国际植物学界的广泛赞誉。大会的顺利召开，不仅能充分展示中国植物科学取得的成就和发展潜力，同时将有力地提升中国与世界的交流和合作，促进中国植物科学研究及其相关产业发展。

二、促进学科交叉融合，助力植物科学创新发展

随着国家对科研项目资金的持续性投入以及对科研人才引进力度的不断加大，我国植物科学研究得到了突飞猛进的发展，尤其是在植物光合蛋白解析、植物功能基因组、植物抗逆机理、重要植物全基因组测序等方面均取得了令人瞩目的成绩，在国际植物学研究前沿占据了一席之地。这些研究为解决国家的粮食安全、植物资源的保护和利用以及生态环境恢复等问题提供了理论基础和科学指导。中国植物学会时刻牢记国家和时代赋予的使命，结合国家需求，召开不同主题的会议，积极推进植物科学与其他相关学科的交叉融合，助力植物科学创新发展。

畅想生态文明建设下的植物科学发展。2013 年 10 月，学会在江西南昌召开了第十五届会员代表大会暨八十周年学术年会（图 4-15）。本届大会是在党的十八大报告提出"全面落实经济建设、政治建设、文化建设、社会建设、生态文明建设五位一体总体布局"的背景下召开的，将"生态文明建设中的植物学：现在与未来"作为大会主题，探讨植物

图 4-15　中国植物学会第十五届会员代表大会暨八十周年学术年会现场

（2013，南昌）

科学未来的发展方向。来自全国各地的 160 余所高校和科研院所的 1000 余位代表参会。大会分 4 个会场，邀请了多位植物科学领域知名学者作特邀报告，78 位植物学者交流最新的研究成果。此次会议上还选举了第十五届理事会。

持续推动绿色发展。2018 年 10 月，学会在云南昆明召开中国植物学会第十六届全国会员代表大会暨八十五周年学术年会（图 4-16）。本届大会是在党的十九大精神鼓舞下召开的一次盛会，以"绿色发展助力中国梦"为主题，团结和动员广大植物学工作者，向我国生态文明建设和植物学事业发展的宏伟目标持续迈进。来自全国各地的 309 所高校、科研院所的 1400 余位代表参会。本届大会安排了 10 个大会特邀报告和 180 个专题报告，内容涵盖了生物多样性、资源和保护，分类学、系统发育和进化，生态学、环境与全球变化，发育和生理学，细胞、基因组和生物信息学等植物学相关领域，聚焦当前大众热切关注的食品安全、草原退化、生物多样性流失等热点问题。本次会议还选举产生了第十六届理事会（图 4-17）。

图 4-16　中国植物学会第十六届全国会员代表大会暨八十五周年学术年会现场

（2018，昆明）

强化学科交叉融合，牵头举办2019年全国植物生物学大会。2019年10月，学会在四川成都成功举办全国植物生物学大会（图4-18）。本次大会以"植物科学与生态文明"为主题，全国200余家单位的2000多位代表参会。大会聚焦农业、生态环境等领域面临的农牧业供给侧结构性改革、粮食安全等重大问题，将植物科学发展与国家重大需求紧密联系。大会创新形式，首次不设置分会场，为广大植物科学工作者了解各领域的研究进展提供了广阔空间，推动领域交叉融合，迸发出植物科学研究创新力量。会议

图4-17 学会第十五届理事会理事长武维华院士（右）向新当选理事长种康院士（左）表示祝贺（2018，昆明）

设立了"漫谈科研路"青年PI培训，既树立了植物科学领域的榜样，同时也通过植物学"大咖"分享经验，助力青年科学家的全面成长。

图4-18 2019年全国植物生物学大会现场（2019，成都）

图 4-19 "深入贯彻习近平主席贺信精神 奋力开启中国植物学会发展新征程"报告现场（2022，南京）

聚焦前沿引领发展，创办植物科学前沿学术大会。为广泛传播不同领域科学前沿动态和研究成果，学会于 2020 年决定创办"植物科学前沿学术大会"，通过促进植物科学与相关学科的交叉融合，持续引领植物科学的发展方向。2022 年 7 月，首届植物科学前沿学术大会在南京召开。大会适逢第 19 届国际植物学大会召开五周年，学会开展践行习近平主席贺信精神五周年活动。第十五届理事长武维华院士以视频方式致辞，并希望广大植物科技工作者能够以习近平主席的贺信精神为指引，坚持问题导向，持续助力我国绿色发展。第十六届理事长种康院士做"深入贯彻习近平主席贺信精神 奋力开启中国植物学会发展新征程"报告（图 4-19），介绍了近 5 年中国植物科学在生物育种新途径、生物多样性保护新策略、耐盐碱饲草品种选育新理念、基因编辑技术新突破等方面取得的重要进展。大会以"植物科学与生态农业"为主题，邀请了植物学、物理、化学等多个领域的 50 余位专家学者，围绕乡村振兴和粮食安全中的重大科学问题进行了研讨和前沿探索交流，来自全国 149 所高校和科研院所的 600 余位代表参加会议（图 4-20）。会议期间还举行了青年 PI 培训和学科新秀论坛等特色活动，为促进植物学发展、培养青年人才成长注入新活力。

加强国际交流，组织 2018 年世界生命科学大会分会场。世界生命科学大会由中国科协主办、中国科协生命科学学会联合体承办，是中国生命科学领域层次最高、覆盖面最广、影响力最大的国家学术盛会。作为

图 4-20 首届植物科学前沿学术大会现场（2022，南京）

生命联合体成员学会，学会于2018年10月积极组织承担了世界生命科学大会"植物与环境"、"农业新进展"和"可持续农业"3个分会场，邀请近30位国内外知名专家做报告，为中国及世界未来农业发展献计献策。

关注植物逆境适应机制，举办国际前沿研讨会。为深入研讨植物逆境生物学领域前沿动态和发展方向，学会联合东北林业大学东北盐碱植被恢复与重建教育部重点实验室分别于2020年和2022年以线上方式举办了两届植物逆境适应机制国际前沿学术研讨会，围绕国际植物抗逆研究发展趋势，介绍了不同国家学者在重要作物的基因组、转录组、代谢组、表型组等不同层面的最新研究进展，持续助力植物逆境生物学的进步与发展。

三、结合领域特色，分支机构举办多层次学术交流

为进一步推动植物科学的全面发展，学会各分支机构也立足自身特色，积极发挥专业优势，召开形式多样、内容丰富的学术交流会，其中不少已成为本研究领域具有影响力的品牌活动，在促进原始性创新，引领学科发展中起到了很重要的作用。

　　系统与进化植物学专业委员会持续传递领域的最新研究成果，每两年召开一次全国系统与进化植物学研讨会。研讨会除了传递最新的研究进展外，还设置了植物学领域新技术新方法讨论会，纪念钟扬教授、王文采研究员等科学家专场，进化与系统研究培训班等多个特色活动，逐渐成为植物系统与进化领域的品牌会议（图4-21）。

图4-21　全国系统与进化植物学研讨会暨第十五届青年学术研讨会现场（2023，广州）

　　药用植物及植物药专业委员会持续组织全国药用植物及植物药学术研讨会，邀请全国知名专家围绕药用植物资源保护与可持续利用、植物药鉴定新技术、新药开发及临床应用、药食同源与植物代谢等内容最新进展、发展趋势及热点进行交流。研讨会拓展两岸合作交流的领域与模式，推进科研成果转化走向深入，开创了中医药事业的新局面（图4-22）。

图4-22　第十七届全国药用植物及植物药学术研讨会现场（2022，杭州）

种子科学与技术专业委员会积极加强国内外合作，举办了全国种子科学与技术学术研讨会、参与组织了第十一届国际种子科学大会，围绕种子科技、粮食安全、种业创新等热点、难点和重大问题进行研讨，积极推动生物育种等相关领域的研究，进一步提升中国种子科学与技术的研发水平、增强种业科技自主创新能力（图4-23）。

图4-23 第七届全国种子科学与技术学术研讨会现场（2021，广州）

植物园分会致力于促进全国植物园的交流合作，积极推动植物园的建设与长远发展，每年组织一次中国植物园学术年会，围绕植物资源的保育和利用、植物园与资源战略保护、国家植物园建设等方面积极开展交流，探讨我国植物园的规范化建设、有序发展以及新时期的新使命。随着不断的积累，中国植物园学术年会（图4-24）成为我国植物迁地保护领域影响广泛的全国性会议。

图4-24 中国植物园学术年会（2022，广州）

　　女植物科学家分会充分展现女性科技工作者在植物科学舞台中的非凡创造力和重要影响力，联合中国植物生理与分子生物学学会女科学家分会举办了植物生物学女科学家学术交流会，通过交流女科学家在植物科学不同领域取得的科研成就，增进女性科技工作者之间的互信和沟通，加强学术交流和科研合作。交流会逐渐发展成为植物生物学领域独具特色的品牌会议（图 4-25）。

图 4-25　第八届植物生物学女科学家学术交流会成功举办（2022，哈尔滨）

第三节　打造多彩活动，助力公众科学素养提高

　　中国植物学会时刻牢记提升全民科学素质的使命，发挥资源和组织优势，通过打造品牌活动，利用多媒体平台、建设科普阵地、开展科普培训、发展工作队伍等方式，积极开展形式多样、内容丰富的科普活动，持续助力全民科学素质提升。

一、紧密结合社会需求，打造"万人进校园"品牌活动

　　学会紧密结合社会热点话题，充分发挥专家学术权威性，就社会公众关心的问题，开展相关知识的科普，努力让公众了解准确的信息。2011年，学会针对"转基因"这一热点话题，组织有关专家开发了"正确认

识转基因技术"科普资源包，结合全国科普日等重大科普活动，面向社会公众大力宣传转基因技术和绿色革命，呼吁公众正确对待转基因技术。此后，学会持续开展与转基因相关或是社会关注话题的科普活动。

充分发挥专家资源优势，科普活动效果显著。学会深度整合全国学会和各省级植物学会科普力量，组织相关领域专家组建教材编写团队，根据不同对象的需求和兴趣点，制作了专业版、公众版、中学版及小学版 4 类课件；同时，建立了院士团、理事长团、名师教授团、中学教师团及志愿者团等多层次宣讲团队，鼓励引导团队深入学校开展科普宣讲。2019 年，学会还承担了国家"转基因生物新品种培育"重大专项的重大课题"转基因生物技术发展科普宣传与风险交流"子课题，面向全国广泛开展宣讲。

2019 年，理事长种康院士为浙江乐清市 2000 余名中学生带来"万人进校园"活动首场院士讲座（图 4-26）。随后，各省积极发力，四年来累计在全国 25 个省（区、市）开展线下宣讲 364 场，累计受众 10 余万人；开展线上宣讲 19 场，累计受众近 86 万人（图 4-27）。为

图 4-26　理事长种康院士作"万人进校园"科普宣讲活动首场院士讲座（2019，乐清）

激励先进，发挥典型引领示范作用，学会在 2020 年度中国植物学会省级学会理事长联席会上，对表现积极的省级植物学会进行了表彰，开展了经验交流，持续推动"万人进校园"品牌建设。

发挥品牌效应，开展中学教师研修活动。随着"万人进校园"品牌效应不断增强，学会对宣讲内容进一步丰富，增加了作物驯化、植物探秘、植物分类等多个主题。2022 年以来，学会组织开展中学生物教师

图 4-27　全国各地开展"万人进校园"科普宣讲活动掠影

研修活动，邀请多位专家科普农作物驯化与分子设计、基因编辑等科技前沿，邀请优秀教师进行教学案例分享，并将野外实习训练，不断加强中学教师科学素养和实践能力，为后期丰富"万人进校园"主题、加强宣讲队伍奠定基础。

二、持续创新平台，扩展科普方式

随着短视频的快速崛起，学会结合传播新形式，于 2019 年和 2020年组织开展了两届"绿叶科抖"全国植物科学科普短视频大赛，鼓励植物科学工作者展示前沿科学成果、揭示植物进化奥秘。活动得到了广大科技工作者热烈反响，两年内共收集 240 部作品并在抖音平台发布，136 部作品通过微信公众号进行展播，访问量 230 余万，点赞数超过 37 万，大幅度提升了公众的参与度和科普传播影响力。

学会加强与权威媒体合作，探索科普宣传新方式。2020 年 9 月全国科普日，理事长种康院士通过腾讯新闻、中国科讯等多家媒体，做"从自然界到餐桌的奇迹——驯化的魔力"科普报告，首播实时观看总人数超过 40 万。2020 年，种康院士以参加中央电视台科教频道《透视新科技》栏目《育种新说》节目为契机，与李家洋院士等共同向中央电视台提出持续推出农业生物育种、农业分子生物学前沿等科普节目的建议。此建议立即被采纳，此后，学会作为支持单位，种康院士任科学顾问，参与策划《透视新科技》2 季 12 期生物育种的节目，为推动农业生物知识和技术的普及作出了积极贡献。

　　科普教育基地是面向公众开展科普工作的重要载体。2021 年，经学会推荐，有 6 家单位被认定为中国科协"2021～2025 年度第一批全国科普教育基地"。2022 年，学会制定印发了《中国植物学会科普教育基地认定与管理暂行办法》。经组织专家评审，共有 17 家单位被认定为"中国植物学会科普教育基地"。

三、开展各类培训，促进科普能力提升

　　扎实推进新媒体科普，开展短视频培训。2019 年 7 月，学会在江苏南京举办了科普短视频专题培训。活动邀请了植物科普专家、抖音科普部负责人等相关知名科普专家和短视频运营师，将理论与实践相结合，从短视频的构思、制作、策划、运营与传播等方面，分享了植物科学科普作品的选题与立意，讲授了短视频拍摄经验和技巧，同时介绍了抖音账号的运营、吸引粉丝等方面技巧。

　　推动生物学教育与科普工作相结合，举办首届全国生物学教育与科普工作会议。2019 年 7 月，学会在山东烟台举办了首届全国生物学教育与科普工作会议（图 4-28），来自全国 130 多个单位的 210 位代表参

加了会议。会议特邀 6 位专家就植物引种驯化、转基因的起源、深海采样勘探、中学生物学教学改革等做报告,内容贴近民生又聚焦热点科技,不仅让各位代表了解相关科学知识,同时也更新了教学理念,有效促进了科普与教学的结合。

图 4-28　首届全国生物学教育与科普工作会议现场(2019,烟台)

加强科普队伍建设,促进科普骨干经验交流。为促进"万人进校园"科普宣讲活动的顺利开展,学会于 2020 年 1 月在江西上饶组织全国省级植物学会科普骨干经验交流会(图 4-29),来自全国 20 个省的 54 位

图 4-29　全国省级植物学会科普骨干经验交流会参会代表合影(2020,上饶)

代表参加了会议。本次会议重点介绍了《作物驯化与人类生活》课件要点和宣讲注意事项，邀请专家就植物学研究、科普文章及 PPT 制作策略方法进行分享。同时各省的优秀科普骨干介绍了"万人进校园"宣讲工作的经验，有效加强了科普团队建设。

畅谈科普技巧，增强科普有效性。2020 年 11 月，学会特邀中央电视台科技频道《透视新科技》制片人李瑛从准确定位科普的受众目标，深入评估科普话题的意义与价值等方面为科技工作者解密科普的技巧，拓宽了科技工作者的科普工作视野，进一步激发了做科普的积极性和创造性。

四、发挥专家优势，开展多样活动

参加典赞·科普中国活动，取得可喜成绩。自 2020 年起，学会积极组织开展典赞·科普中国宣传推选活动，3 年共向中国科协推荐 19 名候选人和 15 部候选作品。2022 年，学会推荐的《山川纪行——臧穆野外日记》荣获"年度科普作品"，野生植物种子保护科普团队荣获"年度科普人物"提名。

科普团队分支机构齐发力，推动不同领域科普工作全面发展。学会根据中国科协的工作部署，结合植物学科领域特色，陆续组建了 15 个科普专家团队，涵盖了药用植物、苔藓植物、植物保育、生物多样性保护等多个领域。各科普团队积极发挥专家资源优势，开展了不同形式的科普活动。走进植物王国的小矮人科学传播专家团队开展了苔藓专题科普艺术展"苍藓盈阶——苔藓的奥秘"，还通过知识讲座、户外采集、显微镜观察等方式，持续向广东地区的中小学生传播苔藓植物知识。药用植物及植物药科学传播专家团队，开展黄连品种选育、高产栽培技术等科普培训活动，着力促进科学技术向生产力转化。各分支机构也积极推动本领域知识传播。兰花分会持续举办兰花展,在积极宣传我国兰花文化的同时也普及兰花资源保育相关知识。女植物科学家分会自 2018 年起,累计走进近 20 所高校,积极传播植物科学知识,鼓励更多女科技工作者参与科普工作中。

开展特色主题日活动,彰显植物科学魅力。2014 年 7 月,学会积极参加中国科协夏季科学展,以展板、视频等形式向社会公众传播果实采后绿色防病保鲜技术。此外,学会还积极参与中国科协等单位共同主办的探梦"天宫"——青少年科学实验方案征集活动,组织多名植物学专家参与搭载方案设计、升空植物种子筹备等工作,帮助青少年了解植物科学的奥秘。

第四节　重视人才培养,加速青年人才队伍建设

科技人才是学科长久发展的基石。学会历来重视人才培养,建立人才综合培养机制,大力开展人才举荐,多措并举加强人才队伍建设,搭建人才交流平台,助力青年人才脱颖而出。

一、加强人才项目举荐,拓宽人才发展舞台

学会始终将人才举荐和宣传作为发挥优秀科技工作者典型示范、开展人才服务的重要手段,激励科技工作者不断提升自身水平。学会积极组织开展中国科学院和中国工程院院士候选人的推选工作,制定工作方案、明确工作程序,十年来,累计向中国科协推荐(提名)院士候选人 10 位,其中 6 位获得了中国科协提名资格;开展全国优秀科技工作者推荐工作,共有 4 位候选人荣获"全国优秀科技工作者"称号。2017~2023 年,学会连续组织开展三届全国创新争先奖推荐工作,2 位候选人荣获全国创新争先奖状。面向青年科技人才,学会继续开展中国青年科技奖推荐工作。作为中国科协生命科学联合体成员学会之一,学会积极

开展青年人才托举工程项目举荐工作，从第一届至第八届，共有 17 人被成功托举（附件 6）。此外，学会还积极参与"中国生命科学十大进展"推荐工作，其中四项成功入选（图 4-30）。2020 年，学会向中国科协推荐的"全智能植物工厂产业化关键技术"成功入选生物医药领域先导技术榜单。

推荐年份	入选项目名称
2015 年	发现水稻低温 QTL 基因编码蛋白 COLD1 感受与防御寒害机制
2016 年	植物分枝激素独脚金内酯的感知机制
2017 年	水稻新型广谱抗病遗传基础发现与机制解析
2018 年	中国被子植物区系进化历史研究

图 4-30　学会推荐入选"中国生命科学十大进展"项目

二、搭建成长快车道，助力青年人才脱颖而出

重视青年人才培养，大咖持续赋能。学会特别注重加强院士专家与青年科技工作者间的沟通，为青年人才的快速成长搭桥铺路。学会在第十五届会员代表大会暨八十周年学术年会期间专设"青年论坛"，邀请洪德元院士、武维华院士与青年学者沟通对话，分析植物科学发展趋势、分享科研工作经验，进一步增加青年学者对植物学研究的热情与努力。

为助力新进青年 PI 尽快适应环境、组建高效研究队伍、顺利开展科学研究，学会从 2019 年起，倾情打造"漫谈科研路"青年 PI 培训活动。活动特别邀请了种康院士、曹晓风院士，与年轻 PI 们就科研课题的选择、研究团队的组建、实验室的管理、教学科研的平衡及交流合作的开展等进行经验分享，讲述自己的"PI 成长记"，就成为 PI 的标准、提高科研效率、转变科研方向的时间等问题与青年学者开展了热烈的讨

论，并提出独到见解，引起了与会者的强烈共鸣，并帮助大家在科研选题以及科研管理上形成更加清晰的思路和规划。

设立奖项与扶持计划，推动科技工作者创新发展。2016 年，学会与云南吴征镒科学基金会联合设立"吴征镒植物学奖"，旨在奖励在植物学基础研究、植物资源可持续利用、植物多样性保育及生态系统持续发展等方面取得突出成就和重要创新成果的植物学科技工作者，这是由国家科学技术奖励工作办公室批准设立，中国植物科学领域首个社会科技奖项。吴征镒植物学奖每两年评选一次，每届评选出 1 位杰出贡献奖获得者和 2 位青年创新奖获得者，目前已评选出三届共 9 位获奖者。

2023 年，学会设立"新苗人才成长计划"，重点支持刚毕业（博士后出站）的、尚处于起步阶段的、具有较大创新能力和发展潜力青年人才，助力他们在黄金时期作出突出业绩，推动人才脱颖而出。本计划每年资助 5～6 位青年学者，为其发展提供平台，助力青年学者能在从事领域脱颖而出。

第五节　构建期刊发展新格局，实现期刊跨越式发展

科技期刊是科学技术研究成果的重要展示平台，承担着科研成果记录和科技知识传播的功能，是国家在新时代争夺科技创新成就话语权的关键。中国植物学会高度重视期刊建设，在提升期刊学术质量、发挥期刊社会效益、发挥龙头期刊示范作用方面作出了大量工作，积极打造植物学特色期刊。

一、制定期刊奖励方案，打造优秀龙头期刊

为鼓励各期刊进一步提升学术影响力，探索期刊可持续发展路径，学会于 2019 年制定了《中国植物学会主办期刊资助奖励方案》（以下

简称《方案》）。以导向明确、分类引导、强调增量、注重效果为原则，从期刊学术性、影响力等方面进行考虑，将学术前沿性与原创性、期刊影响因子和领域认可度等作为综合考量指标。按照《方案》，学会每两年对各刊进行考评和奖励，以持续提高期刊学术水平，推进国际化进程。

在《方案》的激励下，各主办期刊学术影响力不断增强。*JIPB* 的 2 年影响因子由 2019 年方案启动时的 3.8 跃升至 2022 年的 11.4，稳居国际植物学领域前 5%，成为学会主办的龙头期刊，持续发挥引领带动作用；《植物多样性》（*Plant Diversity，PD*）于 2019 年被 SCI 收录，2022 年最新影响因子为 4.8；《植物生态学报》、《生物多样性》和《植物学报》在生物类中文期刊中的影响力也名列前茅。各刊取得的成绩也得到了肯定，*JIPB*、*JSE*、*JPE* 连续入选中国最具国际影响力学术期刊，*PD*、《植物生态学报》、《生物多样性》连续入选中国国际影响力优秀学术期刊。此外，*JIPB*、*JSE*、*JPE*、《植物生态学报》和《生物多样性》自 2014 年起相继获得中国科技期刊国际影响力提升计划和中国科技期刊卓越行动计划支持。

二、发布植物科学领域期刊分级目录，推动高质量中国科技期刊等效使用

为推动国内外高质量科技期刊等效使用，引导优秀科研成果在本领域高质量期刊首发，不断增强我国在世界植物科学领域的影响力和话语权，2020 年，学会承担分领域发布高质量期刊分级目录工作，成为 15 个获批的学会之一。学会制定了《植物科学领域高质量期刊分级目录发布工作实施细则（试行）》，采用定性评价和定量评价相结合的方式，最终从国内外 560 个植物科学领域科技期刊（不含综合性期刊）中，遴选认定了 137 种进入分级目录，另有 6 种中文期刊入选高质量中文期刊目

录。本次分级目录工作共有 130 多位同行专家和文献期刊专家参与，反映了本领域同行的基本共识。为了进一步引导广大科技工作者广泛宣传和推广使用该分级目录，学会还进行《植物科学领域高质量期刊分级目录》发布仪式，不断扩展该分级目录的影响力。随着植物科学领域期刊的不断发展，更多的优秀期刊出现。2022 年，学会启动期刊分级目录优化调整工作，并获得中国科协资助。

三、加强互动交流经验，促进期刊共同发展

为进一步加强主办期刊的质量建设，研讨新形势下发展策略，学会于 2018 年举行"大数据时代期刊的创新与发展"主题的期刊发展论坛，于 2019 年（图 4-31）和 2022 年举办两期期刊发展研讨会，邀请各期刊介绍了发展历程、取得的成绩，以及面临的问题与挑战。各刊主编、编委、编辑部成员就期刊编委会的建设和运行、稿源和稿件质量的提升等分享经验，规划期刊未来发展。此外，学会还在各类重要

图 4-31　期刊发展研讨会参会代表合影（2019，北京）

学术会议上，如学术年会、2019 年全国植物生物学大会、首届植物科学前沿学术大会上举办期刊论坛，汇聚植物科学领域优秀期刊，促进彼此间的交流学习。

学会积极引导、鼓励各刊采取多种措施，提升期刊国际影响力和服务质量，助推实现一流期刊发展。选调年轻的优秀科研工作者加入编辑队伍，增强期刊活力与创新性；积极推动融媒体建设，开通 Twitter、Facebook 账号，进一步扩大期刊的显示度和传播范围；大力推进合作与资源共享，建立整合生物学期刊网，实现期刊资源规模化。各主办期刊也定期召开编委会，组织专家就准确把握学科发展态势和前沿、加强编辑针对性培训等问题积极提出建议，推动期刊发展迈上新台阶。

第六节　加强智库建设，积极建言献策

学会将服务党和政府科学决策作为使命担当，坚持围绕国家科技发展战略、科技创新前沿，结合国家需求与学科特点，强化学会智库建设，探索决策咨询创新机制，积极为国家和社会经济发展建言献策。

一、发挥人才资源优势，组建智库工作队伍

2018 年，第十六届理事会研究决定，成立国家绿色发展智库与咨询工作委员会。工作委员会从加强植物资源保护和开发利用，深化农牧业供给侧结构性改革等方面发力，紧紧围绕现代农牧业中面临的重大问题，国家绿色发展中的关键科学问题和技术瓶颈，提供科学决策。2022 年，学会积极响应中国科协加强决策咨询专家团队建设的号召，组建了以多专业领域、老中青结合为特点的"中国植物学会国家绿色发展决策咨询专家团队"，加强学会决策咨询人才队伍建设，持续推动智库建设。

二、服务国家重大需求，积极开展研究课题

关注学科建设，推动植物科学高速发展。学会根据中国科协的部署，承担中国科协 2012～2013 年度学科发展研究项目"植物学学科发展报告"。学会积极动员各分支机构发挥力量，组织数十位专家分工合作，从植物分类与进化、植物生态学、植物分子遗传学、植物结构与生殖生物学、植物保护生物学等 8 个方面对近年来的工作进行调研和总结，较为翔实地记录了我国植物学 5 年来快速发展的轨迹，介绍了我国植物学研究的重大突破与进展，概括了学科关注的重点和新生长点，对学科发展进行了展望并提出了建议。这也是我国第一次对植物科学发展进行较为全面的研究。

聚焦生命科学领域前沿，助力农业发展。学会积极响应习近平总书记在"科技三会"上的重要讲话精神，持续关注生命科学领域前沿动态。2017 年，学会作为承担单位之一，参与了 2017 年度中国科协重大调研课题，完成了生命科学领域前沿跟踪研究课题中植物科学前沿分报告的子课题。从前沿热点角度助力农业发展角度，形成《全球气候变化对农作物的影响》和《利用基因编辑技术精细调控农作物复杂数量性状》两篇专报。

关注盐碱地草牧业发展，推动草牧业产业高速发展。2022 年，学会两位中国科协十大代表围绕"我国种业安全、生物种业发展"开展调研工作，并成功获批"牧草种业安全挑战与对策"调研课题。两位代表聚焦牧草安全与耐盐碱饲草产业发展，先后多次前往山东东营、内蒙古呼伦贝尔开展实地调研（图 4-32，图 4-33），组织相关专家积极开展座谈研讨，并形成《我国牧草育种安全挑战与对策》和《耐盐碱牧草育种与产业发展》两篇调研专报。

图 4-32　呼伦贝尔草原调研现场（2022，呼伦贝尔）

图 4-33　东营试验田调研现场（2022，东营）

《我国牧草育种安全挑战与对策》分析了我国牧草育种的现状和种业安全所面临的挑战，并围绕我国牧草种业投入少、产出低、平台差等问题，提出加大饲草产业政策扶持、加强相关基础学科研究、加强牧草种业科技投入、健全牧草育种产业体系等意见建议，助力饲草产业发展。

《耐盐碱牧草育种与产业发展》结合实际调研情况和文献调研数据，着重分析了耐盐碱牧草在育种技术、资源利用以及产学研合作和区域发展等方面存在的问题，并就提升饲草作物地位、推进"政产学研"合作、加强区域科研布局和资助力度、强化人才培养科技力量、提升育种创新能力等方面提出意见建议，以期为耐盐碱牧草产业高速发展贡献力量。

三、响应国家号召，探讨植物科学助力乡村振兴

2021 年，学会积极响应国家关于"全面推进乡村振兴"的号召，充分发挥组织优势和专家优势，组织各专业委员会和分会就"植物科学助力乡村振兴"积极研讨、建言献策，相关专家在《科技导报》"巩固脱贫攻坚成果 全面推进乡村振兴"专题中发表了《转化植物科学研究成果，全面助力乡村振兴》的文章，就巩固扶贫成果服务、推广生物技术使用、设立专项资金、培养农业专技队伍 4 个方面提出建议，为推动"乡村振兴"高质量发展提出科技支撑。

四、发挥专家优势，多位科技工作者在全国两会建言献策

学会高度重视引领激发广大科技工作者参与决策咨询和建言献策的积极性。2023 年全国两会是党的二十大后召开的第一次全国两会。中国植物学会第十六届理事会有 8 位成员作为全国人大代表或全国政协委员出席了会议，并从加强饲草产业基础、出台基因编辑动植物安全评价指南、从源头夯实粮食基础、提升植物园综合能力建设、守护边境野生动植物、启动第三代《中国植物志》编研工作、加大对林草科学基础研究投入、取消博士后申请年龄限制等方面为国家发展建言献策。学会通过微信公众号等平台广泛传播代表委员们建议，获得了植物科技工作者的积极响应。

第七节　关注青少年潜能培养，中学生
生物学竞赛持续开展

学会高度关注对青少年科学素质的培养，激发青少年学习生物的热情。自 1992 年竞赛活动举办以来，受到广大师生和社会的关注，尤其是全国中学生生物学竞赛已成为学会最具影响的青少年活动，同时也是学会发现和培养优秀科技后备人才的途径。

一、制定工作规范，为竞赛顺利开展保驾护航

学会不断总结工作经验，努力提升竞赛质量。为了进一步规范中学生生物竞赛活动，学会联合中国动物学会组织全国中学生生物学竞赛委员会。结合实际工作需求，不断完善《全国中学生生物学联赛、竞赛章程》和《全国中学生生物学联赛、竞赛实施细则》，明确了比赛规程及各级机构主体责任；制定《全国中学生生物学学科竞赛项目经费管理办法》，保证各项工作的合法合规。各项工作制度和规范的制定，为比赛活动顺利有序进行提供保障。

二、学科竞赛促学促教，提高人才培养质量

十年来，学会举办了全国中学生生物学联赛和竞赛各 5 届，参加全国联赛的学生累计超过 60 万人，进入全国竞赛的学生 1000 余人。全国联赛与全国竞赛（图 4-34）的举办不仅为学有余力的学生提供展示才华的舞台、促进学生自身能力的提高，同时对中学生物学教学，尤其对全国竞赛承办中学的生物学教学水平的提高起到了显著的促进作用，如第 27 届全国竞赛承办校湖南省长沙市第一中学、第 29 届全国竞

赛承办校重庆巴蜀中学校，其学子在竞赛中均取得了优异成绩。

图 4-34　第 31 届全国中学生生物学竞赛开幕式（2022，太原）

三、驰骋国际赛场，展中国学子风采

在全国中学生生物学竞赛选拔的基础上，学会还组织国家集训队培训和选拔，选派优秀学子参加国际生物学奥林匹克竞赛。十年来，学会共选拔 24 位优秀学子参加国际生物奥赛。我国选手展现出非凡的实力，2015 年在丹麦奥胡斯举办的第 26 届、2019 年在匈牙利塞格德举办的第 30 届以及 2021 年在葡萄牙里斯本举办的第 32 届（因疫情影响改为线上参赛）国际生物奥赛中，中国代表队参赛选手均获得金牌。特别是 2019 年的第 30 届国际生物奥赛（图 4-35），我国选手包揽竞赛前两名，代表团总分位列第一且遥遥领先其他国家，取得了自 1992 年参赛以来的最好成绩。

图 4-35　第 30 届国际生物学奥林匹克竞赛获得金牌的参赛选手合影（2019，匈牙利）

主要参考文献

蔡瑞娜. 2000. 中国植物学会 1999 年工作总结. 植物学学通报, (2): 191-192.

傅沛珍. 1993.《中国植物学史》正式出版: 向中国植物学会 60 周年献礼. 植物杂志, (5): 13.

葛颂, 黄宏文, 朱伟华, 等. 2018. 绿色创造未来: 第 19 届国际植物学大会在深圳隆重举行. 科技导报, 36(增刊 1): 48-64.

姜恕. 1964. 中国植物学会三十周年年会植物生态学与地植物学专业组会议纪要. 植物生态学与地植物学丛刊, 2(1): 151-152.

姜恕. 1983. 中国 "中国植物生态学、地植物学的回顾与展望" 讨论会简记. 植物生态学与地植物学丛刊, 7(2): 158-159.

金鸿志. 1965. 第一届全国植物引种驯化学术会议. 生物学通报, (1): 14.

裴鉴. 1948. 中国植物学会. 科学大众, (6): 266-268.

钱迎倩. 1990. 要重视植物学人才培养问题: 在中国植物学会常务理事会会议上的发言. 中国植物学会简讯, (8): 22-24.

王伏雄, 秦仁昌. 1959. 十年来的中国植物学. 生物学通报, (10): 436-440.

武维华. 2017. 绿色创造未来: 第 19 届国际植物学大会发布 "植物科学深圳宣言". 科学通报, 62(33): 1.

武维华, 文军, 朱玉贤, 等. 2018. 植物科学助力绿色发展: 第 19 届国际植物学大会热点评述. 科技导报, 36(增刊 1): 9-16.

熊大桐, 等. 1989. 中国近代林业史. 北京: 中国林业出版社: 544-545.

张应吾. 1989. 中华人民共和国科学技术大事记(1949—1988). 北京: 科学技术文献出版社.

浙江省科学技术协会志编纂委员会. 1999. 浙江省科学技术协会志. 北京: 方志出版社.

中国植物学会第十届理事会. 1989. 中国植物学会学术会议管理条例. 中国植物学会简讯, (4): 3-4.

《中国植物学会五十年》编写组. 1985. 中国植物学会五十年. 中国科技史料, 6(2): 50-55.

庄逢甘, 刘恕. 1994. 学科发展与科技进步: 十五年改革开放回顾. 北京: 中国科学技术出版社.

附件 1

中国植物学会章程

中国植物学会章程（1934 版）

第一条 定名：本会定名为中国植物学会（英文译名为 Botanical Society of China）

第二条 宗旨：本会以牟纯粹及应用植物学之进步及其普及为宗旨。

第三条 会员：本会会员分普通会员、特会员、机关会员、名誉会员、赞助会员、永久会员、仲会员七种。

（一）普通会员：凡具有下列资格之一，由本会会员二人之介绍，经评议会通过者，得为本会普通会员。

    1. 研究机关之植物研究员及大学植物教员。

    2. 国内外大学生物系毕业，并有相当成绩者。

    3. 研究与植物学相关科目之学者。

（二）特会员（Fellow）：凡普通会员于研究有特殊成就，由本会会员二人之推荐，经评议会通过，得为本会特会员。

撰稿人：葛颂、姜联合、阴倩怡、鲍红宇

（三）机关会员：凡赞助本会事业之机关，由本会会员二人之介绍，经评议会通过者为机关会员。

（四）名誉会员：国外著名植物学家，对于本会事业有相当贡献，由本会会员三人以上之提议，经评议会一致通过，得被选为本会名誉会员。

（五）永久会员：一次捐款一百元者，得为永久会员。

（六）赞助会员：凡对于本会热心赞助或捐助巨款五百元以上，由本会会员五人以上之提议，经评议会通过者，得被选为赞助会员。

（七）仲会员：大学生物系未卒业之学生或研究植物学者，由本会会员二人之介绍，经评议会通过者，得为仲会员；仲会员达相当资格时，经评议会通过得为普通会员。

第四条 董事会：本会设董事会，计划本会之发展事宜，由大会推举董事九人组成之，任期三年，每年改选三分之一，连选得连任。

第五条 职员本会设会长、副会长、书记、孔急各一人，任期一年，于每年开常年大会时选举之，连选得连任，但会长、副会长只得连任一次。

第六条 评议会：本会设评议会，决议本会重要事务，由评议员七人组织之，除会长、副会长、书记、会计为当然评议员外，其他三人于开年会大会时选举之，任期一年，连举得连任。评议会开会时，以会长或副会长为主席，遇均缺席时，得临时推定之。

第七条 委员会：本会于必要时得分别组织各种委员会。

第八条 工作：本会工作暂定为下列各项

（一）举行定期年会，宣读论文，讨论关于植物学研究应用及教学种种问题；

（二）出版植物学杂志（中文）及其他刊物；

（三）参加国际学术会议。

第九条　会费：本会普通会员入会时须纳入会费五元，每年须缴纳常年会费五元，机关会员每年须缴纳常年会费五十元，仲会员缴入会费及常年费各三元。

第十条　会员义务：本会会员有担任会中职务及其他调查、采集、研究、编译与缴纳会费、遵守会章等之义务。

第十一条　会员权利：本会会员有提议选举及被选举权，与接受本会定期刊物之权利，仲会员无选举及被选举权，但有参加大会及其他一切权利。

第十二条　分会：本会得于各地设立分会，其章程另订之。

第十三条　年会：本会每年开大会一次，于暑期中举行之，地点与日期由评议会酌定。

第十四条　附则：本会章程得由会员十人以上之建议，提交大会修改之。

中国植物学会章程（2020 版）

第一章 总 则

第一条 本团体的名称是：中国植物学会，英文名称：Botanical Society of China，缩写：BSC。

第二条 中国植物学会（以下简称学会）是全国植物学科技工作者自愿结成依法登记成立的全国性、学术性、非营利性社会组织，具有社会团体法人资格，是中国科学技术协会的组成部分，是推动我国植物学科技事业发展的重要社会力量。

第三条 学会的宗旨：坚持以马克思列宁主义、毛泽东思想、邓小平理论、"三个代表"重要思想、科学发展观、习近平新时代中国特色社会主义思想为指导，坚持科学技术是第一生产力，坚持把创新作为引领发展的第一动力，把人才作为支撑发展的第一资源，团结和组织广大植物学工作者，深入实施科教兴国战略、人才强国战略、创新驱动发展战略，发挥科技创新的支撑引领作用。坚持民主办会原则，发扬学术民主，倡导求真务实，发挥学术共同体作用。促进植物学科学技术的普及、繁荣与发展，促进植物学人才的成长与提高，维护植物学工作者的合法权益，营造良好科学文化氛围，为会员和植物学工作者服务，为"美丽中国"和"生态文明"建设以及植物学事业发展努力奋斗。

本会遵守宪法、法律、法规和国家政策，践行社会主义核心价值观，弘扬爱国主义精神，遵守社会道德风尚。自觉加强诚信自律建设。

第四条 学会接受业务主管单位中国科学技术协会和登记管理机关中华人民共和国民政部的业务指导和监督管理。

第五条 本会坚持中国共产党的全面领导，根据中国共产党章程的规定，设立中国共产党的组织，开展党的活动，为党组织的活动提供必要条件。

第六条　学会的住所：北京市。

第二章　业务范围

第七条　学会的业务范围：

（一）积极开展植物科学的学术交流，有重点地组织科研、教学的学术讨论和科学考察，促进科学发展，推动自主创新；

（二）依照有关规定编辑、出版、发行植物学书籍报刊及相关的音像和多媒体制品；

（三）弘扬科学精神，普及植物学科学知识，传播科学思想和科学方法，推广先进植物科学技术，开展青少年科普及教育活动；

（四）为科技创新服务，组织植物学科技工作者参与国家有关植物科技政策、科技发展战略的科学决策，对国家经济建设中有关植物科技的重大决策进行科学论证和科技咨询；

（五）经政府有关部门批准，组织评价植物学的研究成果，承接科技评估、专业技术人员水平评价、技术标准研制、国家科技奖励推荐等政府委托工作或转移职能；

（六）组织植物学领域科技工作者开展科技创新，参与科学论证和咨询服务，受政府委托承办或根据市场和学科发展需要，举办相关展览展示和技术交流等，推动产学研用结合，加快科技成果转化应用，助力经济社会发展；

（七）发现并举荐人才，按照规定经批准开展表彰奖励，表彰鼓励在植物科技活动中取得优秀成绩的会员和科技工作者，弘扬"尊重知识，尊重人才"的社会风尚；

（八）向有关部门反映植物学科技工作者的意见和正当呼声，维护科技工作者的合法权益；

（九）积极开展植物学国际交流与合作，加强同国外的植物学学术团体和植物学工作者的友好联系；

（十）举办各种培训班、讲习班或进修班，传播植物学知识和先进技术，努力提高会员的学术水平；

（十一）发挥学术共同体自律功能，推动建立学术诚信与监督机制，促进科学道德建设和学风建设；

（十二）举办为植物学工作者服务的各种事业活动。

第三章　会　员

第八条　学会的会员种类为个人会员，学会会员分为普通会员、高级会员。

凡在学术上有较高成绩，对我国友好，并愿意与学会交流和合作的外籍专家、学者，经学会理事会或常务理事会讨论通过并报业务主管单位备案后可吸收为外籍会员。外籍会员可优惠获得学会出版的学术刊物和有关资料，可应邀参加学会在国内主办的学术会议并获得相关的其他服务。

本章程以下规定不含外籍会员。

第九条　申请加入学会的会员，必须具备下列条件：

（一）拥护学会的章程；

（二）有加入学会的意愿；

（三）在学会的业务（行业、学科）领域内具有一定的影响；

（四）普通会员须具有中级职称及以上水平，或已取得硕士学位或以上的相关学科的科研、教学和管理工作者；

（五）省级植物学会发展的会员，报送学会备案后成为中国植物学会的会员。

（六）高级会员（除以上条件外，还须具备以下条件之一）

1. 具有高级技术职称者、或已取得博士学位者；

    2. 具有中级技术职称并成绩突出者（指获得省市级以上奖励以及有重大科研成果等）；

    3. 学会理事、各分支机构委员；

    4. 省、自治区、直辖市植物学会理事；

    5. 热心、积极支持学会工作，并从事相关学科的中层以上组织管理工作者。

第十条　会员入会的程序是：

（一）提交入会申请书；

（二）经理事会讨论通过；

（三）由理事会或理事会授权的机构发给会员证。

第十一条　会员享有下列权利：

（一）学会的选举权、被选举权和表决权；

（二）参加学会的活动；

（三）获得学会服务的优先权；

（四）对学会工作的批评建议权和监督权；

（五）入会自愿、退会自由。

第十二条　会员履行下列义务：

（一）执行学会的决议；

（二）维护学会合法权益；

（三）完成学会交办的工作；

（四）按规定交纳会费；

（五）向学会反映情况，提供有关资料；

（六）积极参加学会组织的各项学术和科普活动，支持学会主办的各种出版物；

（七）弘扬科学精神，遵守科学道德，不断更新知识。

第十三条 会员退会应书面通知学会，并交回会员证。会员如果 1 年没交纳会费或不参加学会活动的，视为自动退会。

第十四条 会员如有严重违反本章程的行为，经理事会或常务理事会表决通过，予以除名。

第四章 组织机构和负责人产生、罢免

第十五条 学会的最高权力机构是会员代表大会，会员代表大会的职权是：

（一）制定和修改章程；

（二）选举和罢免理事、监事；

（三）审议理事会的工作报告和财务报告；

（四）制定和修改会费标准；

（五）决定终止事宜；

（六）决定其他重大事宜。

第十六条 会员代表大会须有 2/3 以上的会员代表出席方能召开，其决议须经到会会员代表半数以上表决通过方能生效。

第十七条 会员代表大会每届 5 年。因特殊情况需提前或延期换届的，须由理事会表决通过，报业务主管单位审查并经社团登记管理机关批准同意。但提前或延期换届最长不超过 1 年。

第十八条 理事会是会员代表大会的执行机构，在闭会期间领导学会开展日常工作，对会员代表大会负责。

第十九条 理事会的职权是：

（一）执行会员代表大会的决议；

（二）选举和罢免理事长、副理事长、常务理事。聘任、解聘秘书长；

（三）筹备召开会员代表大会；

（四）向会员代表大会报告工作和财务状况；

（五）决定会员的吸收或除名；

（六）决定办事机构、分支机构、代表机构和实体机构的设立、变更和注销；

（七）决定副秘书长、各机构主要负责人的聘任；

（八）领导学会各机构开展工作；

（九）制定内部管理制度；

（十）决定名誉职务的设立及人选；

（十一）决定其他重大事项。

第二十条　理事会须有 2/3 以上理事出席方能召开，其决议须经到会理事 2/3 以上表决通过方能生效。

第二十一条　理事会每年至少召开一次会议，情况特殊的也可采用通讯形式召开。

第二十二条　学会设常务理事会，常务理事人数不超过理事人数的 1/3。常务理事会由理事会选举产生，在理事会闭会期间行使第十八条第一、三、五、六、七、八、九、十项的职权，对理事会负责。

第二十三条　常务理事会须有 2/3 以上常务理事出席方能召开，其决议须经到会常务理事 2/3 以上表决通过方能生效。

第二十四条　常务理事会至少半年召开一次会议，情况特殊的也可采用通讯形式召开。

第二十五条　学会设立监事会，监事任期与理事任期相同，期满可以连任。监事会由 3～9 名监事组成。监事会设监事长 1 名，副监事长 1 名，由监事会推举产生。监事长和副监事长年龄不超过 70 周岁，连任不超过 2 届。

学会接受并支持委派监事的监督指导。

第二十六条　学会的负责人、理事、常务理事和学会的财务管理人员不得兼任监事。

第二十七条 监事由会员代表大会选举产生或罢免。

第二十八条 监事会行使下列职权：

（一）列席理事会、常务理事会会议，并对决议事项提出质询或建议；

（二）对理事、常务理事、负责人执行学会职务的行为进行监督，对严重违反学会章程或者会员代表大会决议的人员提出罢免建议；

（三）检查学会的财务报告，向会员代表大会报告监事会的工作和提出提案；

（四）对负责人、理事、常务理事、财务管理人员损害学会利益的行为，要求其及时予以纠正；

（五）向业务主管单位、登记管理机关以及税务、会计主管部门反映学会工作中存在的问题；

（六）决定其他应由监事会审议的事项。

第二十九条 监事会每半年至少召开1次会议。监事会会议须有2/3以上监事出席方能召开，其决议须经到会监事1/2以上通过方为有效。

第三十条 学会的理事长、副理事长、秘书长必须具备下列条件：

（一）坚持党的路线、方针、政策、政治素质好；

（二）在学会业务领域内有较大影响；

（三）理事长、副理事长最高任职年龄不超过70周岁；秘书长最高任职年龄不超过62周岁且为专职；

（四）身体健康，能坚持正常工作；

（五）未受过剥夺政治权利的刑事处罚；

（六）具有完全民事行为能力。

第三十一条 学会理事长、副理事长、秘书长如超过最高任职年龄的，须经理事会表决通过，报业务主管单位审查并经社团登记管理机关批准同意后，方可任职。

第三十二条　学会理事长、副理事长任期 5 年，最长不得超过两届。因特殊情况需延长任期的，须经会员大会 2/3 以上会员表决通过，报业务主管单位审查并经社团登记管理机关批准同意后方可任职。聘任或者向社会公开招聘的秘书长任期不受限制，可不经过民主选举程序。

第三十三条　学会理事长为学会法定代表人，法定代表人代表学会签署有关重要文件。如因特殊情况经理事长推荐、理事会同意，报业务主管单位审查并经社团登记管理机关批准同意后，可由副理事长或秘书长担任法定代表人。聘任或向社会公开招聘的秘书长不得任本会法定代表人。

学会法定代表人不兼任其他团体的法定代表人。

第三十四条　学会理事长行使下列职权：

（一）召集和主持理事会、常务理事会；

（二）检查会员代表大会、理事会、常务理事会决议的落实情况。

第三十五条　学会秘书长行使下列职权：

（一）主持办事机构开展日常工作，组织实施年度工作计划；

（二）协调各分支机构、代表机构、实体机构开展工作；

（三）提名副秘书长以及各办事机构、分支机构、代表机构和实体机构主要负责人，交理事会或常务理事会决定；

（四）决定办事机构、代表机构、实体机构专职工作人员的聘用；

（五）处理其他日常事务。

第五章　资产管理、使用原则

第三十六条　学会经费来源：

（一）会费；

（二）捐赠；

（三）政府资助；

（四）在核准的业务范围内开展活动和服务的收入；

（五）利息；

（六）其他合法收入。

第三十七条 学会按照国家有关规定收取会员会费，本会开展表彰奖励活动不收取任何费用。

第三十八条 学会经费必须用于本章程规定的业务范围和事业的发展，不得在会员中分配。

第三十九条 学会建立严格的财务管理制度，保证资产来源合法、真实、准确、完整。

第四十条 学会配备具有专业资格的会计人员。会计不得兼任出纳。会计人员必须进行会计核算，实行会计监督。会计人员调动工作或离职时，必须与接管人员办清交接手续。

第四十一条 学会的资产管理必须执行国家规定的财务管理制度，接受会员代表大会和财政部门的监督。资产来源属于国家拨款或者社会捐赠、资助的，必须接受审计机关的监督，并将有关情况以适当方式向社会公布。

第四十二条 学会换届或更换法定代表人之前必须进行财务审计。

第四十三条 学会的资产，任何单位、个人不得侵占、私分和挪用。

第四十四条 学会专职工作人员的工资和保险、福利待遇，参照国家对事业单位的有关规定执行。

第六章　章程的修改程序

第四十五条 对学会章程的修改，须经理事会表决通过后报会员代表大会审议。

第四十六条 学会修改的章程，须在会员代表大会通过后 15 日内，经业务主管单位审查同意，并报社团登记管理机关核准后生效。

第七章　终止程序及终止后的财产处理

第四十七条　学会完成宗旨或自行解散或由于分立、合并等原因需要注销的，由理事会或常务理事会提出终止动议。

第四十八条　学会终止动议须经会员代表大会表决通过，并报业务主管单位审查同意。

第四十九条　学会终止前，须在业务主管单位及有关机关指导下成立清算组织，清理债权债务，处理善后事宜。清算期间，不开展清算以外的活动。

第五十条　学会经社团登记管理机关办理注销登记手续后即为终止。

第五十一条　学会终止后的剩余财产，在业务主管单位和社团登记管理机关的监督下，按照国家有关规定，用于发展与学会宗旨相关的事业。

第八章　附　则

第五十二条　本章程经 2018 年 10 月 11 日第十六次会员代表大会表决通过。

第五十三条　本章程的解释权属学会的理事会。

第五十四条　本章程自社团登记管理机关核准之日起生效。

附件 2

中国植物学会大事记

1933 年 8 月 20 日，中国植物学会成立大会在重庆北碚中国西部科学院召开，会议由胡先骕召集，参会人员包括裴鉴、何文俊、马心仪、俞德浚、陈邦杰、刘振书和李振翮等。会议审议了由胡先骕起草的《学会章程》，推举胡先骕、辛树帜、戴芳澜、马心仪为司选委员会委员；决定编印中文植物学季刊《中国植物学杂志》，由胡先骕为该季刊总编辑。

1934 年 8 月，中国植物学会在江西庐山召开第二届年会，正式通过了修改后的《中国植物学会章程》。会议选举胡先骕为会长、陈焕镛为副会长。会议通过编写《中国植物志》的提案，决定创办《中国植物学会汇报》（*Bulletin of the Chinese Botanical Society*），由李继侗任总编辑。

1935 年 8 月，由中国科学社组织的六学术团体（其他 5 家团体分别为：中国地理学会、中国工程师学会、中国动物学会、中国植物学会、中国化学会）联合年会在广西南宁召开。其间，中国植物学会召开第三届年会，通讯选举陈焕镛为会长、戴芳澜为副会长。

1936 年 8 月，中国科学社在北平召开第二十一次年会，同期中国植物学会召开第四届年会，选举戴芳澜为会长、张景钺为副会长。

1940 年 9 月，中国科学社在云南昆明召开第二十二次年会，并与中国天文学会、中国物理学会、中国植物学会、中国数学会、中国农学会举办六学术团体联合年会。

1943 年 7 月，中国科学社在重庆召开第二十三次年会，并与中国地理学会、中国气象学会、中国数学会、中国动物学会、中国植物学会联合举办六学术团体联合年会。

1946 年 5 月，中国植物学会昆明分会与中国动物学会昆明分会在云南昆明召开联合年会，在开展学术交流的同时，就学会回北平事宜进行了准备。

1948 年 10 月，平津地区包括中国植物学会在内的六学术团体召开联合年会，以学术交流为主。中国植物学会推选刘慎谔、殷宏章、张景钺为新干事。

1949 年 7 月，中华全国自然科学工作者代表会议筹备会在北京召开。借此机会中国植物学会在会长张景钺主持下召开年会，选举理事会成员，张景钺当选理事长，张景钺、马毓泉、乐天宇、周家炽、张肇骞、简焯坡当选为常务理事。经呈中央人民政府内务部登记获准，中国植物学会正式恢复。

1950 年 7 月，中国植物学会召集在京学者在北京大学讨论编辑出版事宜，决定将抗战前《中国植物学杂志》复刊，汪振儒任总编辑、黄宗甄为干事编辑。

1951 年 6 月，《植物分类学报》创刊，钱崇澍任主编。该刊由 1949 年前发行的《静生生物调查所汇报》、《国立北平研究院植物学研究所丛刊》、《国立中央研究院植物汇报》和《中国科学社生物研究所植物部论文丛刊》4 种刊物重组而成。

1951 年 7 月，中国植物学会第一次全国代表大会在北京召开。到会代表 52 人，代表全国 700 多名会员。会议选举产生了新一届理事会，钱崇澍当选理事长，钱崇澍、李良庆、王志稼、林镕、张肇骞、俞德浚、罗士苇、吴征镒、方文培、陈邦杰、吴印禅、王云章、汪振儒、辛树帜和马毓泉15人当选理事，邓叔群、娄成后、黄宗甄、孙仲逸、孙祥钟、何景和蒋英7人当选候补理事。会议提出了编写《中国植物科属检索表》计划。

1952年5月，为适应中等学校自然科学教学的需求，《中国植物学杂志》和中国动物学会筹办的《动物学杂志》合并，更名为《生物学通报》，由两学会共同主办，汪振儒任主编。同年，《植物学报》创刊，罗士苇任主编。该刊由此前的《中国植物学会汇报》《中国实验生物学杂志》《中国水生生物学汇报》《海洋湖沼学报》等合并而成。

1955年10月，《植物生态学与地植物学研究资料》创刊，李继侗任主编，后于1963年更名为《植物生态学与地植物学丛刊》。

1957年10月，罗宗洛、郑万钧出席了日本植物学学会75周年纪念会，分别做了"中国植物生理学的现状"和"中国松属的分类"的学术报告。

1958年6月，中国植物学会常务理事会扩大会议在中国科学院植物研究所召开，会议通过中国科学院植物研究所提出的《中国植物志》的编写计划。

1959年3月，中国植物学会在北京连续召开三次扩大会议，理事长钱崇澍，副理事长陈焕镛、秦仁昌、刘慎谔和张景钺，副秘书长姜纪五和裴鉴，以及常务理事俞德浚、娄成后、汪振儒和罗宗洛等参加了会议。会议制定了1959年工作纲要，明确了植物学会的发展目标和工作重心。

1959年9月，经中国科学院常委会第九次会议批准，由中国科学院院部组织成立中国科学院《中国植物志》编辑委员会，《中国植物志》编委会挂靠中国科学院植物研究所，主编陈焕镛、钱崇澍，秘书长秦仁昌，编委陈封怀、陈嵘、方文培、耿以礼、胡先骕、简焯坡、姜纪五、蒋英、孔宪武、匡可任、林镕、刘慎谔、裴鉴、钱崇澍、秦仁昌、唐进、汪发缵、吴征镒、俞德浚、张肇骞、郑万钧、钟补求。

1963 年 10 月，中国植物学会三十周年年会在北京召开，来自全国200 多位代表参会。会议通过了新的《中国植物学会会章》，选举产生第七届理事会，钱崇澍继任理事长，陈焕镛、刘慎谔、秦仁昌和张景钺为副理事长，林镕为秘书长。此外，会议还选举罗宗洛为中国生理学会理事长。

1974 年 2 月，《植物学杂志》创刊，由中国科学院院长郭沫若亲笔题写刊名。1977 年改为专业科普刊物，更名为《植物杂志》。

1975 年 7 月，秦仁昌、侯学煜出席了在苏联召开的第 12 届国际植物学大会。

1978 年 5 月，应中国科协邀请，由纽约植物园、阿诺德树木园等机构的专家学者组成的美国植物学代表团访问中国。在为期近一个月的访问中，代表团与中国植物学家进行了广泛的交流，加深了中美科学家之间的了解，为后续两国的植物科技交流和合作奠定了重要的基础。

1978 年 10 月，中国植物学会四十五周年年会在云南昆明召开。会议选举产生第八届理事会，汤佩松任理事长，吴征镒、陈封怀、俞德浚、汪振儒、朱彦丞、吴素萱、杨衔晋和李正理为副理事长，俞德浚为秘书长。会议决定设立名誉理事长，郑勉、林镕、秦仁昌、蒋英、方文培、孔宪武和蔡希陶当选。理事会决定成立种子植物分类学、孢子植物分类学、植物生态学与地植物学、植物形态学、植物引种驯化、植物细胞学、植物化学和古植物学 8 个分支机构，还建立了科普工作委员会。

1979 年 5 月，以汤佩松为团长，殷宏章、吴征镒、徐仁、盛诚桂、李星学和俞德浚等专家及外事人员组成的代表团回访了美国，这是中国植物学领域首次由政府组团访问美国。其间，代表团到访了多所大学、研究机构和植物园，与美方专家进行了广泛的交流，探讨了今后的合作事宜。

1981 年 3 月，中国植物学会委托中国科学院植物研究所编辑《中国植物学文献目录》（共 4 册）。该书包括中国百余种古书中涉及的植物学研究内容，是学界了解中国植物学历史和成就的极具参考价值的文献。

1981 年 8 月，以理事长汤佩松为团长，来自中国科学院、教育部和中国农学会等机构选派的 43 位专家组成中国代表团，参加了在澳大利亚悉尼召开的第 13 届国际植物学大会。这是中国植物学会在新中国成立后首次派代表团参加国际植物学大会，汤佩松应邀做了大会报告，产生了热烈反响，标志着中国植物学家重回国际舞台。

1982 年 7 月，中国植物学会在河北秦皇岛组织召开了中国植物学发展方向讨论会，特别关注与粮食、能源、环境保护、生态平衡等密切相关的社会重大问题。理事长汤佩松指出，植物学研究必须结合国家需要，各个学科互相配合。

1982 年 8 月，中国植物学会在北京召开常务理事扩大会议，为即将召开的五十周年年会做准备，并将 1933 年中国植物学会成立时的理事会确定为第一届（放弃先前认定 1951 年成立时理事会为第一届的说法），明确下届理事会为第九届，之后依次顺延。中国植物学会此后每 5 年召开一次周年大会，并选举产生新一届理事会。

1983 年 10 月，中国植物学会五十周年年会暨第九届会员代表大会在山西太原召开。大会以"中国植物学的过去、现在及将来"为主题，汤佩松做了题为"对我国植物学今后发展的几点看法"的大会报告，提出"创新植物学"概念。大会选举产生第九届理事会，汤佩松任理事长，王伏雄、吴征镒、李正理和朱澂任副理事长，钱迎倩任秘书长。会议通过了《中国植物学会章程》修改草案。理事会决定设立 4 个工作委员会，即学术委员会、期刊编辑委员会、教育科普委员会和组织委员会，分别由王伏雄、李正理、朱澂和吴征镒负责；新成立了引种协会、真菌学会、植物科学画专业委员会，分别由俞德浚、王云章和冯钟元负责。

1986 年 4 月，中国植物学会第九届常务理事会第二次扩大会议决定编写《中国植物学史》，旨在全面总结了中国几千年来在植物学知识方面所积累的丰富资料，概述新中国成立以来中国植物学各分支学科蓬勃发展的历程和取得的成就。这是我国第一部全面总结中国植物学发展历史的书籍，对我国植物学的发展和经济建设起到重要的指导作用。

1987 年 7 月，副理事长王伏雄，秘书长钱迎倩以及 50 余位中国植物科学家参加了第 14 届国际植物学大会。本次会议上，副理事长王伏雄当选为大会的名誉副主席，并获得大会奖牌，这也是中国植物科学家第一次被国际植物学大会授予荣誉。

1988 年 10 月，中国植物学会汇总省（区、市）植物学会名录，编辑了《中国植物学会会员名录》，其时学会共有会员万余名，包括 8 名外籍通讯会员。

1988 年 10 月，中国植物学会五十五周年年会暨第十届会员代表大会在四川成都召开。大会选举产生第十届理事会，王伏雄为理事长，吴征镒、朱澂、钱迎倩、路安民为副理事长，路安民为秘书长（兼）。会议还通过了学会各工作委员会和专业委员会主任人选，以及各期刊编委会正副主编聘任人选。

1989 年初，中国植物学会开始征集会徽设计方案。4 月，学会对候选的 50 余件征集作品进行评选，选定中国科学院植物研究所吴彰华的设计图案为中国植物学会会徽，黑龙江省自然资源研究所曹雅范的设计图案为中国植物学会夏令营营徽。

1989 年 8 月，理事会通过了"中国植物学会学术组织条例"、"中国植物学会学术会议管理条例"和"中国植物学会办公室职责范围"，进一步规范学会工作以及开展的各类活动。

1991 年 7 月，依照《社会团体登记管理条例》的规定，中国植物学会获得"中华人民共和国社会团体登记证"（登记号 0333）。

1992 年 8 月，中国植物学会举办的第一届全国中学生生物学竞赛在北京陈经纶中学举行，来自北京、上海、福建等 13 个省（区、市）代表队参赛。

1993 年 10 月，中国植物学会第十一届会员代表大会暨六十周年学术年会在北京召开。大会选举产生第十一届理事会，张新时为理事长，钱迎倩、周俊、路安民为副理事长，匡廷云为秘书长。会议通过的新章程明确了中国植物学会会徽是以中国特有植物银杏为标志。大会还表彰了从事植物学工作 50 年以上的植物学家，植物学会先进集体和先进个人，以及先进青年科技工作者。

1994 年 6 月，中国植物学会参加中国科协召开的学科发展与科技进步研讨会，组织专家撰写的《中国植物学 15 年来的成就及 21 世纪的植物科学与人类》一文被收录在中国科技出版社出版的《学科发展与科技进步》一书中，文章回顾了改革开放 15 年中国植物科学的成就，展望了 21 世纪植物科学的发展。

1996 年 9 月，依照中共中央办公厅、国务院办公厅下发《关于加强社会团体和民办非企业单位管理工作的通知》（中办发〔1996〕22 号），规定，中国植物学会通过了中国科协的审查，完成重新登记。

1998 年 12 月，中国植物学会第十二届会员代表大会暨六十五周年学术年会在广东深圳召开。大会选举产生第十二届理事会，匡廷云为理事长，许智宏、洪德元、韩兴国、郝小江为副理事长，叶和春为秘书长。理事会决定进一步推动学会主办期刊的国际化。会议就"光合作用与农业、资源环境、能源和信息学的关系""生物多样性的研究""植物分子系统学及分子进化研究"等议题进行了广泛的交流和探讨。

2000 年 5 月，受中国科协委托并经国家教育部同意，中国植物学会和中国动物学会开始共同组织举办全国中学生生物学联赛，旨在为我国发现和选拔一批未来生物学科技人才，受到社会、家长和学生的广泛好评，成为国内极具影响力的高中生物学科赛事。

2000 年 7 月，第六届国际古植物学大会在河北秦皇岛召开，来自30 个国家和地区的代表 210 人参会。古植物学大会是世界植物学家、古植物学家和地质学家的共聚的国际盛会，每 4 年召开一次，前 5 次均在发达国家举办。本次大会在中国召开，促进了中国古植物学大发展，扩大了中国古植物学研究在国际上的影响力，推进了古植物学地区性和全球性合作研究向纵深发展。

2001 年 5 月，由中国科学院植物研究所和美国密苏里植物园共同主办的中国蕨类国际研讨会在北京召开，来自中国、美国、日本和欧洲等 8 个国家和地区的代表参会。大会讨论了国际现行蕨类植物分类系统、中国蕨类植物分类系统、《中国植物志》英文修订版蕨类部分编研等重要工作。会后，中外学者在江西的中国科学院庐山植物园参加"蕨苑"揭牌仪式，并到中国蕨类植物研究创始人、该园第一任主任秦仁昌墓前敬献花篮。本次会议充分肯定了秦仁昌教授对世界蕨类植物系统和分类的突出贡献，也为《中国植物志》英文修订版蕨类部分的编研奠定基础。

2003 年 10 月，中国植物学会第十三届会员代表大会暨七十周年学术年会在四川成都召开。大会选举产生第十三届理事会，韩兴国为理事长，武维华、种康、郝小江、顾红雅为副理事长，卢从明为秘书长。大会通过了《中国植物学会高级会员管理条例（草案）》，审议通过了学会专业委员会、分会及工作委员会的组成人员。理事会进一步明确了期刊改革方向，确定了主办期刊主编、副主编。

2004 年 8 月，中国植物学会理事会批准成立药用植物及植物药专业委员会。

2004 年 8 月，中国植物学会在新疆石河子召开了第二届中国甘草学术研讨会暨第二届新疆植物资源开发、利用和保护学术研讨会。与会代表就新疆地区植物资源的基础性考察、种质收集与保育以及资源可持续利用等问题进行了研讨，对当地开展植物资源的保护和利用起到了重要的指导作用。

2005 年 7 月，中国植物学会承办第 16 届国际生物学奥林匹克竞赛，这是国际生物奥赛自创办以来首次在中国举行，来自世界各地的 54 个国家与地区的 197 名选手参加了竞赛。另有 170 余名领队、教练参加了本届比赛活动，是历届参加国家和人数最多的一届。

2006 年 3 月，中国植物学会组织相关专家开展对我国干旱半干旱区生态建设决策咨询工作，通过现场调研，撰写了《我国干旱半干旱区生态建设的建议》咨询建议书。

2006 年 3 月，中国植物学会官网正式上线，旨在加强学会工作信息化建设，整合学科专业资源，突出会员共享优势，加强学会宣传力度，提升学会的凝聚力。

2007 年 6 月，生命之树国际学术研讨会在北京召开，来自 7 个国家 60 多个科研机构和大学的 230 余位代表参加了会议。与会专家学者就生命之树研究的意义、国内外进展、如何启动我国生命之树研究项目，以及如何开展中美之间实质性的合作进行了认真的探讨，并在加强学术交流、尽快启动和开展我国该领域研究项目等方面达成了共识。

2008 年 7 月，中国植物学会理事会批准通过了《中国植物学会个人会员管理条例（草案）》。

2008 年 7 月，以"植物科学——基因、环境、社会"为主题的中国植物学会第十四届会员代表大会暨七十五周年学术年会在甘肃兰州召开。大会选举产生第十四届理事会，洪德元为理事长，安黎哲、李德铢、马克平、武维华、朱玉贤为副理事长，葛颂为秘书长。大会向获得 2007 年度国家最高科学技术奖的中国植物学会名誉理事长吴征镒院士颁发了中国植物学会终身成就奖。

2009 年 8 月，中国植物学会向国际植物学会和菌物学会联合会提交了举办第 19 届国际植物学大会的申办意向书，申办工作得到国内外相关机构和专家学者的广泛支持。同年 12 月，中国植物学会得到 IABMS 的正式通知，在与南非、巴西、墨西哥等申办国的竞争中，中国成功获得第 19 届国际植物学大会的主办权。这是 100 多年来，国际植物学大会首次在发展中国家举办，标志着中国植物科学进入了新的发展阶段。

2011 年 1 月，中国植物学会和深圳市人民政府共同组建第 19 届国际植物学大会筹备工作委员会，中国植物学会理事长洪德元任筹备工作委员会主任委员之一。同年 3 月 15 日，筹备工作委员会在深圳举行了第一次会议，标志着第 19 届国际植物学大会筹备工作正式启动。

2011 年 7 月，中国植物学会和深圳市政府组成联合代表团参加了在澳大利亚墨尔本召开的第 18 届国际植物学大会，观摩学习，了解学科发展趋势，并对会议做了多角度的总结。

2012 年 5 月，以"植物科学与人类生活"为主题由中国科协、中国植物学会和中国植物生理与分子生物学学会共同主办的第一届国际植物日在国内各地开展，数十万人次走进绿色世界，享受植物知识科普的盛宴。

2013 年 7 月，第三届国际整合植物生物学学术研讨会在云南丽江召开。来自中国、美国、英国、澳大利亚、意大利、日本和韩国等国内外 100 余位专家学者参加了会议。会议聚焦整合植物生物学研究的前沿问题，展示植物细胞与器官发生、信号转导与环境应答以及基因组学等领域的最新成果，并为国内外专家与青年学者之间提供充裕的互动交流机会。

2013 年 10 月，中国植物学会第十五届会员代表大会暨八十周年学术年会在江西南昌召开。大会选举产生第十五届理事会，武维华为理事长，安黎哲、种康、葛颂、黄宏文、李德铢、朱玉贤为副理事长，葛颂为秘书长（兼）。大会增设举办青年论坛和期刊论坛，丰富学术交流，促进期刊发展；专题讨论第 19 届国际植物学大会筹备情况；批准成立国际植物学分类学会中国办公室。

2014 年 4 月，中国植物学会根据中国科协的部署，承担编撰的《2012～2013 植物学学科发展报告》出版。该报告由来自十多个学科专业委员会的几十位专家分工合作完成，较翔实地记录了我国植物学快速发展的轨迹和取得的重大进展，概括了学科关注的重点和新生长点，并对学科发展进行了展望和提出了建议。

2014 年 10 月，由中国植物学会和深圳市政府共同承办的第 19 届国际植物学大会组织委员会在深圳宣告成立。

2015 年 5 月，学会重新设计了会徽，新会徽沿用至今。

2015 年 9 月，由第 19 届国际植物学大会主席、中国植物学会理事长武维华院士领衔的大会科学委员会执行工作组成立。大会组织委员会将依靠高水平的科学工作团队，具体组织和落实大会与学术相关的各项事物和活动。

2016 年 7 月，云南吴征镒科学基金会与中国植物学会联合设立"吴征镒植物学奖"。该奖项设立杰出贡献奖和青年创新奖，旨在奖励在植物学基础研究、植物资源可持续利用、植物多样性保育及生态系统持续发展等方面取得突出成就和重要创新成果的植物学科技工作者。

2016 年 12 月，经中国科协科技社团党委批复，学会功能性党委正式成立。

2017 年 7 月，由中国植物学会和深圳市政府共同承办的第 19 届国际植物学大会在广东深圳召开，这是中国植物科学发展新的里程碑。大会定位"国际视野、一流标准",设置了主旨研讨会、专题研讨会、学术团体卫星会议等多项会议,充分展示了中国植物科学取得的成就和发展潜力,推动了中国植物科学研究及其相关产业发展,促进了中国与世界的交流和合作。

2018 年 10 月,中国植物学会第十六次全国会员代表大会暨八十五周年学术年会在云南昆明召开。大会选举产生第十六届理事会,种康为理事长,巩志忠、顾红雅、黄宏文、康振生、刘宝、孙航、谭仁祥、汪小全为副理事长,汪小全为秘书长(兼);成立中国植物学会第一届监事会,选举葛颂为监事长、安黎哲为副监事长。大会还专门表彰了在第 19 届国际植物学大会筹备和举办过程中作出重要贡献的先进团体和优秀个人,授予深圳市人民政府 IBC2017 特别贡献奖、深圳市城市管理局等 4 家单位 IBC2017 集体奖,授予葛颂等 6 人 IBC2017 杰出贡献奖、程佑发等 34 人 IBC2017 贡献奖。

2018 年 10 月,由中国植物学会牵头主办,中国动物学会、中国教育学会生物学教学专业委员会、中国植物生理与分子生物学孢子植物分会以及《生物学通报》编辑部联合承办的全国中学生物学教学研讨会在首都师范大学举行。来自全国 700 余名专家学者和中学生物教研员以"聚焦核心素养,助力基础教育"为主题,深入研讨和交流了中学生物教学与实践等议题。

2018 年 10 月,中国植物学会组织承担了世界生命科学大会"植物与环境"、"农业新进展"和"可持续农业"3 个分会场,邀请近 30 位国内外知名专家做报告,为中国及世界未来农业发展献计献策。

2019 年 4 月,中国植物学会省级学会理事长联席会在陕西西安召开,旨在推进美丽中国建设与国家绿色发展战略。会后,中国植物学会联合全国 30 个省级植物学会共同发起"植物科学助力国家绿色发展行动计划"倡议书。

2019 年 6 月开始，中国植物学会联合全国 29 个省级植物学会组织开展"万人进校园"科普宣讲活动。

2019 年 7 月，中国植物学会在江苏南京举办了科普短视频专题培训，从短视频的构思、制作、策划、运营与传播等方面，对短视频拍摄经验和技巧，抖音账号的运营、吸引粉丝的技巧等方面进行培训。

2019 年 7 月，首届全国生物学教育与科普工作会议在山东烟台召开。本次会议是中国植物学会第一次举办以中学教师为主要对象的生物学教育与科普工作会议，得到各省级植物学会的大力支持。

2020 年 1 月，学会在江西上饶组织召开全国省级植物学会科普骨干经验交流会。交流会安排了多场报告，分享了如何根据普通受众特点写好科普文章和制作科普 PPT 的策略方法。参会代表对"万人进校园"工作进行了总结，并对学会下一阶段工作如何更有效地开展提出了意见建议。

2020 年 2 月，中国植物学会发布了《中国植物学会关于共同抗击新型肺炎疫情倡议书》，得到了各专业委员会、分会以及全国植物科学工作者的积极响应。

2020 年 5 月，中国植物学会成功申请获批 2020 年度分领域发布高质量科技期刊分级目录项目。

2020 年 8 月，第二十二届中国科协年会科技社团发展与治理论坛上发布了《2020 世界一流科技社团评价报告》。中国植物学会获评世界一流科技社团四星级，世界一流科技社团农业科学领域 10 强，世界一流科技社团中国社团 50 强。

2020 年 9 月，全国科普日期间，中国植物学会理事长种康院士应科学与中国"云讲堂"邀请，在"生命科学与健康"栏目做了首场科普报告"从自然界到餐桌的奇迹——驯化的魔力"。通过腾讯新闻、中国科讯等多家媒体平台同步直播，讲座首播实时观看总人数达 40 万，在线互动热烈。

2020 年 11 月，中国植物学会在浙江金华召开 2020 年度中国植物学会省级学会理事长联席会，并进行了网络直播。20 余个省级植物学会设置了分会场，累计 4 万余人通过视频方式观看了直播。会议开展了科普培训与交流活动，对 2019 年科普活动获奖作品和优秀组织单位颁发了奖项，持续提升学会科普服务能力。会上还首次发布了《植物科学领域高质量期刊分级目录》，推动国内外高质量科技期刊等效使用。

2021 年 1 月，理事长种康院士与李家洋院士等共同向中央电视台提出持续推出农业生物育种、农业分子生物学前沿等科普节目的建议。建议被中央电视台采纳后，中国植物学会作为支持单位，种康院士任科学顾问，参与策划《透视新科技》2 季 12 期生物育种的节目。

2021 年 7 月，中国植物学会围绕乡村振兴战略，组织专家进行研讨，于 12 月在《科技导报》"巩固脱贫攻坚成果　全面推进乡村振兴"专题发表《转化植物科学研究成果　全面助力乡村振兴》文章。

2022 年 4 月，中国植物学会组建"中国植物学会国家绿色发展决策咨询专家团队"，加强学会决策咨询人才队伍建设，持续推动智库建设。

2022 年 5 月，由顾红雅副理事长统筹负责，中国植物学会承担了科普教师培训项目。8 月，项目组举办了中学生物教师科普培训报告会，邀请不同领域的专家学者做专题报告，来自全国各地的中学生物学教师通过远程实时连线聆听了报告。

2022 年 7 月，中国植物学会在南京举办首届植物科学前沿学术大会，旨在促进学科交叉、引领植物科学的发展方向。大会以"植物科学与生态农业"为主题，50 余位植物、物理和化学等领域的院士和专家应邀参会，会议围绕乡村振兴和粮食安全中的重大科学问题进行了学术研讨与前沿探索交流，来自全国 28 个省（区、市）149 所高校和科研院所的 600 多位代表参会。

2022 年 7～8 月，中国植物学会两位中国科协十大代表前往内蒙古呼伦贝尔、山东东营开展牧草产业安全及耐盐碱饲草产业发展调研，12 月撰写完成《我国牧草育种安全挑战与对策》和《耐盐碱牧草育种与产业发展》两篇调研专报。

2023 年 7 月，中国植物学会启动"新苗人才成长计划"推荐工作，重点支持刚毕业（博士后出站）的、尚处于起步阶段的、具有较大创新能力和发展潜力青年人才，助力他们在黄金时期作出突出业绩，推动人才脱颖而出。

附件 3

中国植物学会历届理事长（会长）简介

第 一 届　1933 年召开成立大会，召集人：胡先骕
第 二 届　1934～1935 年　胡先骕
第 三 届　1935～1936 年　陈焕镛
第 四 届　1936～1949 年　戴芳澜
第 五 届　1949～1951 年　张景钺
第 六 届　1951～1963 年　钱崇澍
第 七 届　1963～1965 年　钱崇澍
第 八 届　1978～1983 年　汤佩松
第 九 届　1983～1988 年　汤佩松
第 十 届　1988～1993 年　王伏雄
第十一届　1993～1998 年　张新时
第十二届　1998～2003 年　匡廷云
第十三届　2003～2008 年　韩兴国
第十四届　2008～2013 年　洪德元
第十五届　2013～2018 年　武维华
第十六届　2018～2023 年　种　康

胡先骕（1894—1968）：植物分类学家

1894 年 4 月 20 日出生于江西新建。两度留学美国，1913 年赴美国加利福尼亚大学学习农学和植物学，获学士学位；1923～1925 年再次赴美国深造，在哈佛大学攻读植物分类学，并获博士学位。1948 年当选为中央研究院院士。新中国成立后，任中国科学院植物分类研究所（1953 年更名中国科学院植物研究所）研究员。

胡先骕是中国植物学会成立的 19 位发起人之一，在 1933 年的成立大会上，被选为《中国植物学杂志》总编辑；1934 年 8 月，在江西庐山召开的第二届年会上，胡先骕被选为会长。

胡先骕在开创中国植物学研究、培养植物学人才等方面作出了杰出贡献。他与秉志等联合创办中国科学社生物研究所、静生生物调查所，后创办庐山森林植物园、云南农林植物研究所。在教育上，胡先骕倡导"科学救国、学以致用；独立创建、不仰外人"的教育思想，与钱崇澍、邹秉文合编我国第一部中文《高等植物学》教科书；首次鉴定并与郑万钧联合命名"水杉"，并建立"水杉科"。胡先骕提出并发表了《被子植物分类的一个多元系统》的专论，对被子植物的亲缘关系做了重要革新，并整理出"被子植物亲缘关系系统图"。胡先骕一生致力于植物学研究，开创性的明确了 1 个新科、6 个新属和 100 多个新种，为我国植物学研究奠定了基础。

陈焕镛（1890—1971）：植物分类学家

1890 年 7 月 12 日出生于中国香港，籍贯广东新会。1913 年就读于美国哈佛大学森林系，1919 年获硕士学位。新中国成立后，任中山大学植物研究所（后改为华南植物研究所）所长。1955 年当选为中国科学院生物学部委员（院士）。曾任全国人民代表大会第一、二、三届的代表。

陈焕镛是中国植物学会成立的发起者之一，在成立大会上被选为学术评议员兼《中国植物学杂志》编辑。1934 年 8 月，陈焕镛在江西庐山举行的第二届年会上，被推举为副会长。1935 年 8 月，在广西南宁举行的第三届年会上，陈焕镛当选为会长。

陈焕镛毕生致力于中国植物学的发展，在建设植物研究机构、研究植物分类学、开发利用和保护植物资源等多方面付出大量心血。1929 年创建国立中山大学农林植物研究所（华南植物园前身），1935 年创建广西大学植物研究所（现广西壮族自治区中国科学院广西植物研究所），1956 年创建中国第一个自然保护区——鼎湖山自然保护区，此外还一手创办了植物学英文期刊 *Sunyatsenia*。与秉志、钱崇澍等科学家提出建立天然森林禁伐区的建议，为中国的自然保护区建设打下基础。陈焕镛一生发现 10 多个植物新属，100 多个植物新种，其中的银杉属、观光木属在植物分类学和地史研究上具有重要的科学意义。1959 年后，陈焕镛将主要精力投入主持编纂《中国植物志》，与钱崇澍共同担任第一届编委会主编，为中国植物科学发展作出了卓越贡献。

戴芳澜（1893—1973）：真菌学家和植物病理学家

1893 年 5 月 4 日出生于浙江镇海，籍贯湖北江陵。1913 年结业于清华学校留美预备班，1914～1919 年在美国威斯康星大学、康奈尔大学及哥伦比亚大学研究生院专攻植物病理学和真菌学，获硕士学位。1948 年当选为中央研究院院士，1955 年当选为中国科学院生物学部委员（院士）。曾任全国人民代表大会第一、二、三届代表。

在中国植物学会成立大会上，戴芳澜被选举为《中国植物学杂志》编辑。1935 年 8 月，戴芳澜当选为第三届副会长；1936 年，当选为第四届会长。

戴芳澜在我国近代真菌学和植物病理学的形成和发展方面发挥了开创和奠基作用。他建立起以遗传为中心的真菌分类体系，确立了中国植物病理学科研系统；新中国成立后，他主持中国科学院的真菌植病研究室工作，取得了可喜的成果，同时带动了中国其他领域（如药学界）对菌物的调查和药用菌物的研究，拓宽了对中国菌物资源的认识。他积一生的研究成果完成的《中国真菌总汇》，是一部有关中国真菌分类的经典著作，总共参考了 768 篇文献，包括英语、法语、德语、俄语、意大利语、日语、西班牙语、拉丁语等语种，并对 200 年来寄主的学名、真菌的学名、分布区域规划一一加以订正，对我国真菌学的发展、真菌资源的开发和利用，都有极大的促进作用。

张景钺（1895—1975）：植物形态学和解剖学家

1895 年 10 月 29 日出生于湖北光化。1916 年考入清华学堂学习，1920 年赴美国芝加哥大学植物学系深造，1925 年获博士学位。1948 年当选为中央研究院院士，1955 年当选为中国科学院生物学部委员（院士）。曾当选为北京市人民代表大会代表及北京市政协委员。

张景钺是中国植物学会成立的发起人之一，在成立大会上被选为为评议员兼《中国植物学杂志》编辑。1936 年在第四届年会上，张景钺当选为副会长；1949 年，当选为第五届理事长。

张景钺是我国最早从事现代植物形态学、植物解剖学研究的学者，为我国植物学，尤其是植物形态解剖学的建立和发展作出了重要贡献。

1926～1938 年，张景钺发表的论文，是我国植物形态学、发育解剖学、生理解剖学、实验形态学的最早文献，提出的许多观点都受到国际学术界的重视。1934 年，张景钺提出"徒手切片法"，对当时中国植物学知识的普及和提高起了推动作用。他早年编写的植物形态学教材，经过补充修改后更名为《植物系统学》，成为植物系统学教学和研究的重要文献，被评为全国优秀教材之一。张景钺在植物学方面培养了大批人才，尤其是在形态解剖学方面，为植物形态学、解剖学在我国的开拓和发展树立了良好的开端。

钱崇澍（1883—1965）：植物学和植物分类学家

1883 年 11 月 11 日出生于浙江海宁。1910 年考取清华学堂留美公费生，先后在美国伊利诺伊大学、芝加哥大学、哈佛大学学习，并获得伊利诺伊大学理学学士学位、芝加哥大学硕士学位。1948 年当选为中央研究院院士。1955 年当选为中国科学院生物学部委员（院士）。曾任第一、二、三届全国人民代表大会代表，第三届全国政协常务委员。

钱崇澍是中国植物学会成立的发起人之一，在成立大会上被选为评议员。1951～1965 年，钱崇澍任中国植物学会第六届、第七届理事长。

钱崇澍学识渊博，在植物分类学、植物生态学和地植物学及植物生理学等方面，都做了许多开创性的工作。1916 年，他发表的《宾夕法尼亚毛茛两个亚洲近缘种》，是我国用拉丁文为植物命名和分类的第一篇文献；1917 年发表的《钡、锶、铈对水绵属的特殊作用》是我国应用近代科学方法研究植物生理学的第一篇著作；1927 年，发表的论文《安徽黄山植被区系的初步研究》是中国植物生态学和地植物学的最早著作之一。

古稀之年，他又主持了《中国植物志》的编撰工作，在他任主编期间，《中国植物志》共出版了3卷，为中国植物科学发展作出巨大贡献。

汤佩松（1903—2001）：植物生理学和生物化学家、细胞生物学家

1903年11月12日出生于湖北蕲水（现浠水）。1925年于清华学校毕业后，进入美国明尼苏达大学学习，获学士学位。1928年夏，进入约翰·霍普金斯大学继续深造，1930年获哲学博士学位，同年进入哈佛大学从事生理学研究工作。1948年选聘为中央研究院院士。1955年当选中国科学院生物学部委员（院士）。

1978年，汤佩松被选举为第八届中国植物学会理事长。1983年，其连任第九届中国植物学会理事长，后任名誉理事长。

汤佩松一生成就卓著，尤其在植物生理学和光合作用研究中取得瞩目成就。他建立我国第一个普通生理学实验室和植物生理学专业，领导组建了中国科学院北京植物生理研究室。他在国际上首先证明了高等植物中存在细胞色素氧化酶、植物叶绿体中存在碳酸酐酶以及高等植物体内适应酶的形成；提出植物"呼吸代谢多条路线"理论及汤氏公式和汤氏常数；第一次在植物生理学中引入水势概念并提出细胞吸水的热力学解释。1983年，他在中国植物学会50周年年会上提出"创新植物学"概念，将分子生物学与经典植物学方法结合起来，这一思想比20世纪末提倡的学科创新整整提前15年。汤佩松先后获得国家自然科学奖二等奖（1987年）、陈家庚奖（1995年）、何梁何利基金科学与技术进步奖（1997年）等，被国际植物学会聘请为名誉副主席，被美国植物生理学会、美国植物学会选为终身荣誉会员，是中国第一个得此荣誉的生物学家。

王伏雄（1913—1995）：植物胚胎学家和孢粉学家

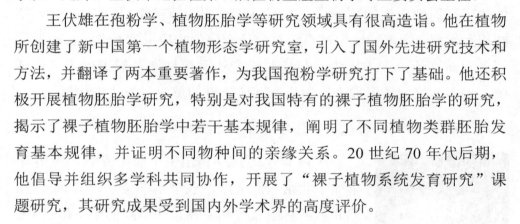

1913 年 10 月 16 日出生于浙江兰溪。1932 年考入清华大学生物系，先后获得学士和硕士学位。1943 年前往美国伊利诺伊大学深造，1946 年获哲学博士学位。1980 年当选为中国科学院生物学部委员（院士）。

1983 年第九届中国植物学会年会上，王伏雄当选为副理事长。1988 年，当选为学会第十届理事长。此外，王伏雄还担任第一届植物生殖生物学专业委员会主任。

王伏雄在孢粉学、植物胚胎学等研究领域具有很高造诣。他在植物所创建了新中国第一个植物形态学研究室，引入了国外先进研究技术和方法，并翻译了两本重要著作，为我国孢粉学研究打下了基础。他还积极开展植物胚胎学研究，特别是对我国特有的裸子植物胚胎学的研究，揭示了裸子植物胚胎学中若干基本规律，阐明了不同植物类群胚胎发育基本规律，并证明不同物种间的亲缘关系。20 世纪 70 年代后期，他倡导并组织多学科共同协作，开展了"裸子植物系统发育研究"课题研究，其研究成果受到国内外学术界的高度评价。

张新时（1934—2020）：植物生态学家

1934 年 6 月 30 日出生于河南开封。1955 年毕业于北京林学院森林系，1985 年获美国康奈尔大学生态学与系统学系博士学位。1991 年当选为中国科学院生物学部委员（院士）。曾任第八、第九、第十届全国政协常委。

1993 年，当选为中国植物学会第十一届理事长。后任中国植物学会名誉理事长。

张新时长期以来主要从事我国高山、高原、荒漠与草原植被地理研究，还致力于信息生态学、全球生态学研究与发展。他建立了中国第一个植被数量开放实验室，开发了计算机应用程序用于生物和环境数据的多元分析和模拟，创建了数量植被生态学、全球变化生态学、草地生态学等基础理论和范式以及数字化1：100万植被图，开创了国内信息生态学研究的先河，将我国生态学研究带入到数字化时代，使我国处于国际领先地位。在他的领导和组织下，构建了覆盖中国关键生态区的两条陆地生态样带，这两条样带已成为国际全球变化研究的核心样带，推动了国际全球变化与陆地生态系统（GCTE）和陆地样带（NECT）研究。他提出高原地带性的新论点、青藏高原对中国植被作用、中国气候-植被相互作用、中国陆地生态系统对全球变化的响应机理、格局与动态等一系列新理论，为中国生态环境建设和资源可持续发展提供了理论基础，许多研究成果已成为我国生态环境建设的重要科学决策依据。

匡廷云（1939—）：植物生理学家和生物化学家

1934年12月29日出生于四川资中。1956年毕业于北京农业大学，获学士学位。1962年，在苏联莫斯科国立大学生物系获得副博士学位。回国后，进入中国科学院植物研究所工作。曾任中国科学院生物学部副主任；生物膜及膜工程国家重点实验室及植物生理生化国家重点实验室学术委员会主任。1995年当选为中国科学院院士。2009年当选为国际欧亚科学院院士。

1998年，当选为中国植物学会第十二届理事长，现为中国植物学会名誉理事长。

匡廷云长期从事光合作用研究，在光合作用、光合膜、叶绿素蛋白复合体结构与功能研究方面取得了系统性、创造性成果，开辟了我国光合膜蛋白结构与功能研究的新领域。她的研究成果多次发表于国际顶级期刊 *Nature* 和 *Science* 上，并入选中国科学十大进展和中国生命科学十大进展。作为我国第一批启动的国家重点基础研究发展计划"光合作用高效光能转化机理及其在农业中的应用"的首席科学家，她组织国内生物学、物理学、化学及农学等的一级学科交叉，有机结合，开展光合作用微观机理的研究，为国家农业、能源、国防等重大战略提供基础性、前瞻性理论和技术支持，为我国光合作用研究走向世界作出杰出贡献。

韩兴国（1959—）：植物生态学家

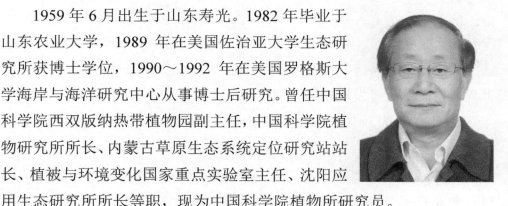

1959 年 6 月出生于山东寿光。1982 年毕业于山东农业大学，1989 年在美国佐治亚大学生态研究所获博士学位，1990～1992 年在美国罗格斯大学海岸与海洋研究中心从事博士后研究。曾任中国科学院西双版纳热带植物园副主任，中国科学院植物研究所所长、内蒙古草原生态系统定位研究站站长、植被与环境变化国家重点实验室主任、沈阳应用生态研究所所长等职，现为中国科学院植物所研究员。

2003 年当选为中国植物学会第十三届理事长。

韩兴国研究员主要从事生态系统生态学、保护生态学、生物地球化学、全球变化生物学等方面的研究工作。他提出了不同物种和功能群之间的补偿作用是导致生态系统稳定性增加的重要机制，回答了国际生态学研究中争论已久的多样性与稳定性的关系问题；从时间和空间尺度充分证明了元素的化学计量内稳性是生态系统结构、功能和稳定性维持的重要机理，拓展了生态化学计量学的研究范畴，为生物多样性保护策略的制定提供了新依据。此外，他从进化生态学和生态系统学的角度，提出了植物在群落分布中的优势度与该植物在水分、养分和能量等因子的利用率上存在显著相关性的观点，为退化生态系统的恢复提供了重要的指导原则。先后主持承担国家重点基础研究发展计划、国家基金委创新研究群体项目等。

洪德元（1937—）：植物分类学与进化生物学家

1937 年 1 月生于安徽绩溪。1962 年毕业于复旦大学生物学系，1966 年中国科学院植物研究所研究生毕业。毕业后，进入中国科学院植物研究所工作。曾任系统与进化植物学开放研究实验室主任，兼任浙江大学生命科学学院院长、国家自然科学基金委生命科学部主任。1991 年，当选为中国科学院生物学部委员（院士）。2001 年当选为第三世界科学院院士（发展中国家科学院院士）。

2008 年当选为中国植物学会第十四届理事长，现为中国植物学会名誉理事长。

洪德元主要从事植物分类与进化研究，在芍药科、玄参科、桔梗科及鸭跖草科的分类和系统学研究中作出了突出贡献，提出了多个属的新系统，并发现 8 个新属、50 多个新种。他参与或组织了《中国高等植物图鉴》和《中国植物志》等重要植物志书的编写，并担任 *Flora of China* 编委会中方副主席；发起并主持重大国际合作项目"泛喜马拉雅植物志"的编研；对世界牡丹、芍药做了全新的分类修订，出版了 *PEONIES of the World*（《世界牡丹和芍药》），并揭示了牡丹的起源。他曾主持国家自然科学基金委"八五"重大项目、国家重点基础研究规划项目等多个重要项目；获国家自然科学奖一等奖 2 项、三等奖 1

项，中国科学院科技进步奖多项。2000 年获何梁何利基金科学与技术进步奖，2012 年获澳大利亚悉尼皇家植物园首届拉·麦考瑞奖章，2017 年获恩格勒金质奖章和吴征镒植物学奖杰出贡献奖，是首位获得恩格勒金质奖章的亚洲学者。

武维华（1956—）：植物细胞生理学家

1956 年 9 月出生于山西省临汾市。1982 年本科毕业于山西大学，1984 年在中国科学院上海植物生理研究所获硕士学位，1991 年在美国新泽西州立大学获博士学位，1991～1994 年先后在美国哈佛大学和宾州州立大学从事博士后研究。1994 年回国后，在中国农业大学任职，曾任生物学院院长、植物生理学与生物化学国家重点实验室主任。1999年被聘为首批长江学者奖励计划特聘教授，2007 年当选为中国科学院院士。2008～2016 年曾兼任国家自然科学基金委生命科学部主任。现任第十四届全国人大常委会副委员长，九三学社中央主席。

2013 年当选为中国植物学会第十六届理事长。

武维华长期从事植物细胞信号转导、植物细胞离子跨膜运输及其调控机制、植物响应环境胁迫的分子调控机制等研究工作，尤其是在植物响应低钾胁迫及钾营养高效的分子调控网络机制、植物气孔运动的细胞与分子调控机制、花粉萌发与花粉管生长调控的信号转导机制等方面取得了一系列研究成果。先后主持了国家杰出青年科学基金、优秀创新群体基金、国家重点基础研究发展计划、美国洛克菲勒基金会专项研究基金等科研项目。研究成果先后在 *Cell*、*PNAS*、*Plant Cell* 等国际学术期刊发表。2003 年获首都和全国五一劳动奖章、全国优秀教师表彰；2007 年获何梁何利基金科学与技术进步奖；2016 年获美国 Rutgers 大学杰出校友奖。

种康（1962—）：植物生理学家

1962 年 4 月出生于陕西合阳。1984 年毕业于兰州大学生物学系并获学士学位，1988 年和 1993 年分别获该校硕士和博士学位。1993～1997 年，在兰州大学化学系、中国科学院植物研究所做博士后研究。1997 年起在中国科学院植物研究所工作，曾任党委书记、副所长。2017 年当选为中国科学院院士。2021 年当选国际欧亚科学院院士。2018 年当选为第十三届全国政协委员；2023 年当选为第十四届全国政协委员。

2018 年当选为中国植物学会第十六届理事长。

种康主要从事植物感知温度以及开花和器官发生的分子网络研究，揭示了器官发生（如开花、根的形成）基因调控模式和控制途径，探索作物分子遗传改良的可能途径；发现小麦感知春化信号的分子网络，揭示了春化蛋白磷酸化和糖基化修饰的感知机制与开花调控模式；发现水稻低温感受器，揭示了细胞膜蛋白复合物感受低温机制与信号转导途径，证明在人工驯化中基因介导的耐寒性起源于中国野生稻的分子遗传变异模式。他主持承担了中国科学院战略性先导专项、国家重点基础研究发展计划和国家高技术研究发展计划等多项重大研究项目，为国家杰出青年基金资助获得者、国家自然科学基金"细胞分化与器官发生"创新群体首席科学家、"百千万人才工程"国家级人选。在 Cell 及其子刊、*Annual Review of Plant Biology*、*Nature* 子刊等重要国际学术期刊发表研究论文 100 余篇。研究成果曾入选 2015 年中国生命科学十大进展。2020 年，种康院士荣获中国植物生理与植物分子生物学学会"杰出成就奖"。2021 年，种康院士荣获何梁何利基金科学与技术进步奖。

附件 4

中国植物学会历届年会简表

年代	会议名称及地点	主要议题和事项
1933	第一届年会（重庆）	1）借参加中国科学社年会之机，由胡先骕等 19 人发起成立中国植物学会； 2）起草并审议《中国植物学会章程》； 3）决定中文植物学季刊《中国植物学杂志》
1934	第二届年会（江西庐山）	1）会议选举胡先骕为学会会长、陈焕镛为副会长； 2）会议正式通过修改后的《中国植物学会章程》； 3）通过编写《中国植物志》的提案； 4）决定创办英文学术刊物《中国植物学会汇报》(*Bulletin of the Chinese Botanical Society*)
1935	第三届年会（广西南宁）	1）六学术团体（中国科学社、中国地理学会、中国工程师学会、中国动物学会、中国植物学会、中国化学会）联合年会召开。同期学会召开第三届年会； 2）采取通讯方式选举陈焕镛为会长、戴芳澜为副会长
1936	第四届年会（北平）	1）中国科学社在北平召开第二十一次年会，同期学会召开第四届年会，以宣读论文为主； 2）会议选举戴芳澜为会长、张景钺为副会长
1949	第五届年会（北京）	1）会议选举产生第五届理事会，张景钺为理事长，张景钺、马毓泉、乐天宇、周家炽、张肇骞、简焯坡为常务理事； 2）经呈中央人民政府内务部登记获准，中国植物学会正式恢复
1951	第一届全国代表大会（第六届年会，北京）	1）选举产生第六届理事会，钱崇澍任理事长，钱崇澍、李良庆、王志稼、林镕、张肇骞、俞德浚、罗士苇、吴征镒、方文培、陈邦杰、吴印禅、王云章、汪振儒、辛树帜与马毓泉 15 人当选理事； 2）提出编写《中国植物科属检索表》计划

年代	会议名称及地点	主要议题和事项
1963	三十周年年会（北京）	1）选举产生第七届理事会，钱崇澍继任理事长，陈焕镛、刘慎谔、秦仁昌和张景钺为副理事长，林镕为秘书长； 2）通过了新的《中国植物学会会章》； 3）成立中国植物生理学会，罗宗洛任理事长
1978	四十五周年年会（云南昆明）	1）选举产生第八届理事会，汤佩松为理事长，吴征镒、陈封怀、俞德浚、汪振儒、朱彦丞、吴素萱、杨衔晋和李正理为副理事长，俞德浚为秘书长； 2）会议决定设立名誉理事长，7位学术前辈当选：郑勉、林镕、秦仁昌、蒋英、方文培、孔宪武和蔡希陶； 3）成立种子植物分类学、孢子植物分类学、植物生态学与地植物学、植物形态学、植物引种驯化、植物细胞学、植物化学和古植物学8个分支机构，还建立了科普工作委员会； 4）确定1979年访问美国
1983	五十周年年会暨第九届会员代表大会（山西太原）	1）大会主题"中国植物学的过去、现在及将来"； 2）大会选举产生第九届理事会，汤佩松为理事长，王伏雄、吴征镒、李正理和朱澂为副理事长，钱迎倩任秘书长； 3）会议通过了《中国植物学会章程》修改草案； 4）理事会决定设立4个工作委员会，即学术委员会、期刊编辑委员会、教育科普委员会和组织委员；新成立引种协会、真菌学会、植物科学画专业委员会
1988	五十五周年年会暨第十届会员代表大会（四川成都）	1）大会主题"植物学在国民经济发展中的作用"； 2）大会选举产生第十届理事会，王伏雄为理事长，吴征镒、朱澂、钱迎倩、路安民为副理事长，路安民为秘书长（兼）； 3）通过了学会各工作委员会和专业委员会主任人选，以及各期刊编委会正副主编聘任人选
1993	第十一届会员代表大会暨六十周年学术年会（北京）	1）大会主题"植物科学与人类未来——九十年代中国植物学的任务"； 2）大会选举产生第十一届理事会，张新时为理事长，钱迎倩、周俊、路安民为副理事长，匡廷云为秘书长； 3）大会表彰了从事植物学工作50年以上46位植物学家，7个植物学会先进集体和50位学会工作先进个人以及11位先进青年科技工作者，并颁发了证书；向获得国际奥林匹克生物学竞赛的4位获奖者及负责组织工作的吴相钰教授和高信曾教授颁奖
1998	第十二届会员代表大会暨六十五周年学术年会（广东深圳）	1）大会主题"迈向21世纪的中国植物学"； 2）大会选举产生第十二届理事会，匡廷云为理事长，许智宏、洪德元、韩兴国、郝小江为副理事长，叶和春为秘书长； 3）会议决定进一步推动学会主办期刊的国际化

续表

年代	会议名称及地点	主要议题和事项
2003	第十三届会员代表大会暨七十周年学术年会（四川成都）	1）大会主题"二十一世纪的植物科学与我国的可持续发展"； 2）大会选举产生第十三届理事会，韩兴国为理事长，武维华、种康、郝小江、顾红雅为副理事长，卢从明为秘书长； 3）会议通过《中国植物学会高级会员管理条例（草案）》，审议通过了学会专业委员会、分会及工作委员会的组成人员； 4）会议明确期刊改革方案，改选期刊主编、副主编和成立学报学术指导委员会
2008	第十四届会员代表大会暨七十五周年学术年会（甘肃兰州）	1）大会主题"植物科学——基因、环境、社会"； 2）大会选举第十四届理事会，洪德元为理事长，安黎哲、李德铢、马克平、武维华、朱玉贤为副理事长，葛颂为秘书长； 3）向获得 2007 年度国家最高科学技术奖的中国植物学会名誉理事长吴征镒院士颁发了中国植物学会终身成就奖
2013	第十五届会员代表大会暨八十周年学术年会（江西南昌）	1）大会主题"生态文明建设中的植物学：现在与未来"； 2）大会选举产生第十五届理事会，武维华为理事长，安黎哲、种康、葛颂、黄宏文、李德铢、朱玉贤为副理事长，葛颂为秘书长（兼）； 3）举办青年论坛和期刊论坛，丰富学术交流，促进期刊发展； 4）专题讨论第 19 届国际植物学大会筹备情况，批准成立国际植物学分类学会中国办公室
2018	第十六届全国会员代表大会暨八十五周年学术年会（云南昆明）	1）大会主题"绿色发展助力中国梦"； 2）大会选举产生第十六届理事会，种康为理事长，巩志忠、顾红雅、黄宏文、康振生、刘宝、孙航、谭仁祥、汪小全为副理事长，汪小全为秘书长（兼）； 3）成立中国植物学会第一届监事会，选举葛颂为监事长、安黎哲为副监事长； 4）表彰在第 19 届国际植物学大会筹备和举办过程中作出重要贡献的先进团体和优秀个人

附件 5

《中国植物志》历届编委会组成

（编委按姓氏拼音排列，*为常委）

1959～1972 年

主 编

钱崇澍（中国科学院植物研究所）

陈焕镛（中国科学院华南植物所）

秘书长

秦仁昌（中国科学院植物研究所）

编 委

陈封怀　陈　嵘　方文培　耿以礼　胡先骕　简焯坡*　姜纪五

蒋　英　孔宪武　匡可任　林　镕*　刘慎谔　裴　鉴　钱崇澍

秦仁昌　唐　进　汪发缵　吴征镒　俞德浚*　张肇骞　郑万钧

钟补求*

资料来源：中国植物志官网 https://www.iplant.cn/frps2019/bwh。

1973～1974 年

主 编

林　镕*（中国科学院植物研究所）

副主编

吴征镒（中国科学院昆明植物研究所）

崔鸿宾（中国科学院植物研究所）

简焯坡（中国科学院植物研究所）

洪德元（中国科学院植物研究所）

编 委

陈封怀　陈心启*　崔友文　戴伦凯*　丁志遵　方文培　傅沛云

何业祺　蒋 英　孔宪武　李锡文　刘慎谔　单人骅　汤彦承*

徐全德*　俞德浚*　曾沧江　郑万钧*　钟补求

1975～1976 年

主 编

林　镕（中国科学院植物研究所）

副主编

吴征镒（中国科学院昆明植物研究所）

简焯坡（中国科学院植物研究所）

崔鸿宾（中国科学院植物研究所）

洪德元（中国科学院植物研究所）

编 委

曹子余　陈心启*　戴伦凯*　姚昌豫　何业祺　冀朝祯　李书馨

溥发鼎　阮云珍　汤彦承*　唐昌林　王正平　徐全德*　杨 戈

俞德浚* 张本能 郑万钧* 钟补求

1977～1986 年

主 编

俞德浚（中国科学院植物研究所）

副主编

吴征镒（中国科学院昆明植物研究所）

崔鸿宾（中国科学院植物研究所）

编 委

安争夕 陈德昭* 陈封怀 陈 介 诚静容 陈心启* 陈守良*

方文培 傅坤俊 傅立国* 傅沛云 傅书遐 耿伯介 郭本兆

关克俭 贺士元 黄成就* 赖书绅 李安仁* 李丙贵 李秉滔

李树刚 李锡文* 彭泽祥 裴盛基 单人骅 王正平 韦 直

徐炳声 谢 瑛 杨衔晋* 张宏达 张瑞琪 张永田 朱维明

曾沧江 郑 勉

1987～1992 年

主 编

吴征镒（中国科学院昆明植物研究所）

副主编

崔鸿宾（中国科学院植物研究所）

编 委

陈德昭* 陈守良* 陈心启* 陈艺林 戴伦凯* 傅立国* 郭本兆

黄成就 黄普华 胡嘉琪 孔宪需 李安仁* 李朝銮 李树刚

李锡文* 林有润 林来官* 刘尚武 韦 直* 夏振岱 徐朗然

1993～1995 年

主 编

吴征镒（中国科学院昆明植物研究所）

副主编

崔鸿宾（中国科学院植物研究所）

编 委

陈书坤 陈守良 陈德昭* 陈艺林* 陈心启* 傅国勋* 戴伦凯*
郭本兆 傅立国 黄普华 胡嘉琪 胡启明 孔宪需* 李安仁
李树刚 李锡文* 林有润 林来官 刘尚武 韦 直* 夏振岱*
徐朗然 曾建飞

1996～2004 年

主 编

吴征镒（中国科学院昆明植物研究所）

副主编

陈心启（中国科学院植物研究所）

编 委

陈书坤 陈艺林* 戴伦凯* 傅国勋* 傅立国 黄普华 胡启明*
孔宪需* 李安仁 李锡文 林有润 刘尚武 韦 直 夏振岱*
徐朗然 曾建飞

顾 问

陈德昭 陈守良 黄成就 李树刚 林来官 任海波 汤彦承

附件 6

中国植物学会推荐专家获得荣誉称号情况

中国科学院院士（学部委员）

1991 年：张新时（中国科学院植物研究所）

洪德元（中国科学院植物研究所）

阎隆飞（中国农业大学）

1993 年：王文采（中国科学院植物研究所）

1995 年：匡廷云（中国科学院植物研究所）

1997 年：许智宏（北京大学）

2003 年：孙汉董（中国科学院昆明植物研究所）

2007 年：赵进东（中国科学院水生生物研究所）

2011 年：朱玉贤（北京大学）

吴征镒植物学奖（2016 年开始）

第一届（2017 年）

杰出贡献奖：洪德元（中国科学院植物研究所）

青年创新奖：孔宏智（中国科学院植物研究所）

高连明（中国科学院昆明植物研究所）

第二届（2019 年）

杰出贡献奖：周　俊（中国科学院昆明植物研究所）

青年创新奖：郭亚龙（中国科学院植物研究所）

　　　　　　苏　涛（中国科学院西双版纳热带植物园）

第三届（2021 年）

杰出贡献奖：李德铢（中国科学院昆明植物研究所）

青年创新奖：焦远年（中国科学院植物研究所）

　　　　　　星耀武（中国科学院西双版纳热带植物园）

全国创新争先奖（2017 年开始）

第一届（2017 年）：

戚益军（清华大学）

第二届（2020 年）：

瞿礼嘉（北京大学）

全国优秀科技工作者（1997 年开始）

第四届（2010 年）：

曹晓风（中国科学院遗传与发育生物学研究所）

强　胜（南京农业大学）

第五届（2012 年）：

黄宏文（中国科学院华南植物园）

黄善金（中国科学院植物研究所）

第六届（2014 年）：

傅　缨（中国农业大学）

刘耀光（华南农业大学）

孔宏智（中国科学院植物研究所）

第七届（2016 年）：

杨维才（中国科学院遗传与发育生物学研究所）

中国青年科技奖（1988 年开始）

第一届（1988 年）：

祖元刚（东北林业大学）

第三届（1990 年）：

顾红雅（北京大学）

第十二届（2011 年）：

郭红卫（北京大学）

第十六届（2020 年）：

刘宏涛（中国科学院分子植物科学卓越创新中心）

青年人才托举工程（2015 年开始）

第一届（2015～2017）：

钟上威（北京大学）

马朋飞（中国科学院昆明植物研究所）

赵　鹏（武汉大学）

施怡婷（中国农业大学）

第二届（2016～2018）：

姚瑞枫（清华大学）

吉乃提汗·马木提（新疆农业大学）

第三届（2017～2019）：

张媛媛（中国科学院植物研究所）

王后平（中国科学院西双版纳热带植物园）

第四届（2018～2020）：

鲁丽敏（中国科学院植物研究所）

第五届（2019～2021）：

钟　声（北京大学）

林　芳（兰州大学）

邢晶晶（河南大学）

第六届（2020～2022）：

王　龙（南京大学）

第七届（2021～2023）：

丁文娜（中国科学院西双版纳热带植物园）

杜会龙（河北大学）

第八届（2022～2024）：

胡一龙（中国科学院华南植物园）

杨传伟（复旦大学）

附件 7

中国植物学会主办期刊简介

1. *Journal of Integrative Plant Biology*

中文刊名：《植物学报》（英文版）

主管单位： 中国科学院

主办单位： 中国科学院植物研究所，中国植物学会

发展历程： *Journal of Integrative Plant Biology*（*JIPB*）创刊于 1952 年，刊名为《植物学报》，当时以 *Acta Botanica Sinica* 为外文名称，季刊，由中国科学院植物研究所和中国植物学会共同主办。首任主编为我国著名植物生理学家罗士苇。1981 年改为双月刊，1989 年改为月刊。1998 年，《植物学报》被 SCI 数据库收录，2002 年改为全英文发表，2003 年正式改版为英文刊物。2005 年更名为 *Journal of Integrative Plant Biology*，并与 Blackwell（现 Wiley）出版集团合作出版，走上国际化发展道路，成为植物学领域具有重要影响的国际期刊。*JIPB* 面向全球，刊发整合植物生物学研究重要创新成果，包括宏观和微观领域有创新性的重要研究论文、综述、突破性报道、新资源、新技术和评论性文章等。近年来，在中国科协等机构的支持下，在主编的带领下，*JIPB* 积极倡导"整合"理念，连续 10 年位居 JCR 植物学领域 Q1 区，迅速进入世

界一流学术期刊行列，被 SCI、EI、PubMed 等 85 个主流数据库收录。2022 年，*JIPB* 两年影响因子再创新高，达到 11.4，位于植物学 TOP 4%；Scopus 数据库中 CiteScore 为 11.8，位于 TOP 2.9%；在中国科学院期刊分区表中位于生物学大类 1 区和植物学小类 1 区；中国科协《植物科学领域高质量期刊分级目录》T1 级。

成绩荣誉： *JIPB* 几乎获得了科技期刊相关的全部荣誉与资助类别。近 10 年，先后荣获中国科技期刊国际影响力提升计划 A 类和 B 类支持，获得中国科技期刊卓越行动计划支持；连续两届中国出版政府奖期刊提名奖；连续 3 次获得全国"百强报刊"称号；连续 6 年获中国科协精品科技期刊工程 A 类资助（当时全国仅有 3 个刊物获此殊荣）；连续 14 年受国家自然科学基金重点学术期刊专项基金资助；12 次受中国科学院科技期刊出版基金资助；连续 11 年入选中国最具国际影响力学术期刊榜单。2020 年入选《植物科学领域高质量期刊分级目录》TI 级。

历任主编和副主编

年份	主编	副主编	荣誉主编/首席科学顾问
1952～1953	罗士苇		
1954～1958	娄成后		
1959～1978	钱崇澍	张景钺	
1979～1986	崔澂	李正理	
1987～1995	王伏雄	李正理	
1996～1998	张新时	李正理，匡廷云，朱至清，李长复	
1999～2003	叶和春	董鸣，葛颂，李长复，林金星，武维华，朱玉贤	匡廷云（荣誉主编），张新时（荣誉主编）
2004	韩兴国	董鸣，葛颂，李长复，林金星，武维华，朱玉贤，崔金钟	匡廷云（荣誉主编），张新时（荣誉主编）

续表

年份	主编	副主编	荣誉主编/ 首席科学顾问
2005～2006	韩兴国，马红	陈晓亚，种康，崔金钟，邓兴旺，董鸣，董欣年，方精云，葛颂，顾红雅，果德安，黄宏文，Ning Li，林金星，刘春明，卢从明，马克平，施苏华，谭仁祥，薛勇彪，张大勇，武维华，朱玉贤	
2007	韩兴国，马红，刘春明（执行主编）	陈晓亚，种康，崔金钟，邓兴旺，董鸣，董欣年，方精云，葛颂，顾红雅，果德安，黄宏文，Ning Li，林金星，刘春明，卢从明，马克平，施苏华，谭仁祥，薛勇彪，张大勇，武维华，朱玉贤	
2008	韩兴国，马红，刘春明（执行主编）	Roberto Bassi，Clive Lloyd，William J. Lucas，Klaus Palme，Rowan Sage	
2009	刘春明	Roberto Bassi，Clive Lloyd，William J. Lucas，Klaus Palme，Rowan Sage，瞿礼嘉，杨维才	
2010	刘春明	Roberto Bassi，Ian T. Baldwin，Leon V. Kochian，Clive Lloyd，William J. Lucas，Klaus Palme，Rowan Sage，瞿礼嘉，杨维才	
2011	刘春明	Ian T. Baldwin，Chris Hawes，Leon V. Kochian，William J. Lucas，瞿礼嘉，杨维才	
2012～2015	刘春明	Ian T. Baldwin，Chris Hawes，Leon V. Kochian，William J. Lucas，Mark Stitt，瞿礼嘉，杨维才	
2016	刘春明	Ian T. Baldwin，Chris Hawes，Leon V. Kochian，William J. Lucas，Mark Stitt，巩志忠，瞿礼嘉，张大兵，杨维才	
2017	刘春明，William J. Lucas	Ian T. Baldwin，巩志忠，姜里文，Hailing Jin，Leon V. Kochian，Martin A. J. Parry，Uwe Sonnewald，张大兵	
2018	刘春明，William J. Lucas	Ian T. Baldwin，巩志忠，姜里文，Hailing Jin，Leon V. Kochian，Anna M. G. Koltunow，Rana E. Munns，Martin A. J. Parry，Uwe Sonnewald	

续表

年份	主编	副主编	荣誉主编/ 首席科学顾问
2019	种康，巩志忠	Ian T. Baldwin，姜里文，Hailing Jin，郎曌博，Leon V. Kochian, Anna M. G. Koltunow，Rana E. Munns，Martin A. J. Parry，Uwe Sonnewald，杨元合	武维华（首席科学顾问）
2020	种康，巩志忠	Ian T. Baldwin，姜里文，Hailing Jin，郎曌博，Anna M. G. Koltunow，Rana E. Munns，Martin A. J. Parry，Uwe Sonnewald，杨元合	武维华（首席科学顾问）
2021～2022	种康，巩志忠	Ian T. Baldwin，姜里文，Hailing Jin，郎曌博，Martin A. J. Parry，Uwe Sonnewald，杨元合，朱健康	武维华（首席科学顾问）
2023	种康，巩志忠	Ian T. Baldwin，姜里文，Hailing Jin，郎曌博，Martin A. J. Parry，杨元合，朱健康	武维华（首席科学顾问）

2. *Journal of Systematics and Evolution*

中文刊名：《植物分类学报》

主管单位：中国科学院

主办单位：中国科学院植物研究所，中国植物学会

发展历程：《植物分类学报》于 1951 年创办，是我国生物学科历史最悠久的核心期刊，代表了我国植物分类学领域的最高学术水平，在国内外有深远的影响，由《静生生物调查所汇报》、《国立北平研究院植物学研究所丛刊》、《国立中央研究院植物汇报》和《中国科学社生物研究所植物部论文丛刊》4 种刊物重组形成。初创时为季刊，由中国科学院植物分类研究所（现中国科学院植物研究所）编辑，中国科学院出版发行。办刊宗旨虽然以发表植物分类学研究的文章为主，但其刊载论文的范围较广，涉及植物学研究的诸多方面。1984 年改为双月刊，自 1995 年起深圳仙湖植物园先后参与承办和协办，自 2004 年起武汉大学和复旦大学曾经参与协办。2003 年被美国科学信息研究所的 SCIE 和 CC 两个知名数据库收录。2008 年原拉丁刊名 *Acta Phytotaxonomica*

Sinica 改为英文名 *Journal of Systematics and Evolution*（*JSE*），出版"生命之树"国际会议专辑，2009 年改为英文刊并与国际出版机构 Wiley 合作出版，定位于以植物分类、植物系统发育和进化为基础内容的多学科综合性国际学术期刊。

成绩荣誉：近年来 *JSE* 国际影响力日益扩大，已发展成为以分类、系统发育和进化为核心内容，以描述和理解生物多样性为服务目标的多学科综合性国际学术期刊，主要发表系统与进化生物学领域的研究成果。2022 年，*JSE* 的 JCR 影响因子为 3.7。2013～2018 年，*JSE* 获中国科技期刊国际影响力提升计划 A 类和 B 类资助，2019～2023 年获中国科技期刊卓越行动计划支持，迄今已连续 11 年入选中国最具国际影响力学术期刊榜单。2020 年入选《植物科学领域高质量期刊分级目录》T2 级。

历任主编和副主编

年份	主任	成员
1951～1957	钱崇澍	陈焕镛，钟心煊，刘慎谔，陈邦杰，秦仁昌，饶钦止，吴征镒，张肇骞，林镕，戴芳澜，侯学煜，郝景盛，王云章

年份	主任编辑	成员
1957～1966	钱崇澍	方文培，刘慎谔，匡可任，汪发缵，陈邦杰，陈焕镛，吴征镒，林镕，胡先骕，耿以礼，秦仁昌，郑万钧，张肇骞，裴鉴，蒋英，钱崇澍，戴芳澜，钟心煊，钟补求，饶钦止

年份	主编	副主编
1973～1974	林镕	吴征镒，钟补求，王文采
1975～1978	汤彦承	钟补求，王文采，魏江春
1979～1982	秦仁昌	王文采，郑万均，徐仁，路安民，俞德浚
1982～1988	王文采	汤彦承
1989～1993	洪德元	路安民
1994	洪德元	路安民，汪桂芳（专职）

续表

年份	主编	副主编
1995～1998	洪德元	路安民，陈谭清，汪桂芳（专职）
1999～2000	杨亲二	李振宇，陈谭清，郭延平（专职）
2001	杨亲二	李振宇，陈谭清
2002～2004	杨亲二	李振宇，陈谭清，梁燕（专职）
2004～2006	杨亲二	陈家宽，陈之端，葛颂，顾红雅，郭友好，胡适宜，李勇，李承森，李振宇，梁燕（专职），刘建全，卢宝荣，饶广远，张宪春
2006～2008	陈之端，仇寅龙	陈家宽，James A. Doyle，George F. Estabrook，葛颂，顾红雅，郭友好，胡适宜，李勇，李承森，李振宇，刘建全，卢宝荣，饶广远，桑涛，王晓茹，文军，向秋云，张宪春
2009～2014	陈之端，仇寅龙	Thomas Borsch，陈家宽，陈建群，James Doyle，Peter K. Endress，George F. Estabrook，傅承新，Paul Gadek，葛颂，葛学军，Sean Graham，顾红雅，郭友好，郝刚，贺超英，黄锦岭，黄双全，Volker Knoop，李博，李德铢，李建华，李建强，李仁辉，李勇，李振宇，刘建全，刘仲健，卢宝荣，龙漫远，Steven R. Manchester，Vidal de Freitas Mansano，Stuart McDaniel，Jin Murata，钱宏，任毅，桑涛，Richard M. K. Saunders，Harald Schneider，施苏华，孙航，唐亚，王晓茹，王印政，王宇飞，文军，Paul G. Wolf，Andrea D. Wolfe，向秋云，杨继，Alex Hon-Tsen Yu，张德兴，张奠湘，张建之，张宪春，钟扬，周世良，朱瑞良，朱伟华，朱相云
2014～2019	葛颂，文军	Sean Graham，黄锦岭，刘建全，卢宝荣，Steven R. Manchester，Alexandra N. Muellner-Riehl，Richard M. K. Saunders，Harald Schneider，向秋云，张德兴
2020～2023	葛颂，文军	Marc Appelhans，Sean Graham，郭亚龙，黄锦岭，刘建全，卢宝荣，Steven R. Manchester，Alexandra N. Muellner-Riehl，Richard M. K. Saunders，Harald Schneider，Virginia Valcarcel，向秋云，张大勇，张勇，钟伯坚

3. *Journal of Plant Ecology*

中文刊名：《植物生态学报》（英文版）

主管单位：中国科学技术协会

主办单位：中国植物学会，中国科学院植物研究所，中国科技出版传媒股份有限公司

发展历程：*Journal of Plant Ecology*（JPE）创刊于 2008 年，是一本反映植物生态学领域及相关交叉学科最新研究进展的英文期刊。以发表符合当前国际生态学研究前沿的原始创新性论文为主，同时发表反映国际植物生态学研究前沿和动态的综述、观点、评述、简报、方法和数据论文等。*JPE* 的定位为立足于中国植物生态学研究领域的高影响力国际学术期刊，被 SCIE、Scopus、CSCD 等多个重要数据库收录。

成绩荣誉：2012 年和 2016 年两次获中国科技期刊国际影响力提升计划 C 类资助，2019 年获中国科技期刊卓越行动计划支持。年收稿量和发文量增长迅速，是创刊初期的 3 倍。年全文下载量超过 26 万次，覆盖全球 220 多个国家和地区，国际影响力不断提升，多次入选中国最具国际影响力学术期刊榜单。2020 年入选《植物科学领域高质量期刊分级目录》T3 级。

历任主编

年份	主编	
2008～2010	万师强，林光辉，Bernhard Schmid	
2011～2014	万师强，Bernhard Schmid	
2014～2019	黄耀，Bernhard Schmid	
2019 至今	张文浩，Bernhard Schmid	

4. *Plant Diversity*

中文刊名：《植物多样性》

主管单位：中国科学院

主办单位：中国科学院昆明植物研究所，中国植物学会

发展历程：*Plant Diversity* 是国家科委（79）国科发条字 341 号文批准创办的植物学专业学报，创办于 1979 年，创刊名为《云南植物研究》，吴征镒院士为期刊的创刊主编。2011 年更名为《植物分类与资源学

报》，2016 年更名为 *Plant Diversity*，改为全英文 OA 出版。经过 40 多年的发展，现已成为我国植物科学研究发表论文的主要学术性刊物之一。*Plant Diversity* 主要发表围绕植物多样性保护这一主题的植物学方面（包括植物生态学）的所有论文，在区域上立足于青藏高原和横断山脉其周边区域面向全球。自创刊以来，*Plant Diversity* 一直以反映我国植物学研究科技成果，促进国内外学术交流，为社会主义经济建设服务为办刊宗旨，严谨办刊，严格审稿，刊发了多篇具有重要学术影响力的论文，如《中国种子植物属的分布区类型》（吴征镒，1991），《中国植物区系中的特有性及其起源和分化》（吴征镒等，2005）已成为中国被子植物区系研究的经典之作，为该领域科研工作者著文必引的参考资料。此外，*Plant Diversity* 还多次发表王文采、洪德元院士的多篇经典植物分类学文章，在植物分类领域具有较大影响力。近年来，*Plant Diversity* 以反应植物学领域创新点、办特色期刊为己任，关注与追踪当前植物学研究热点，展示了生物多样性保护研究成果领域的最新研究成果与动态，获得广泛关注。

成绩荣誉： *Plant Diversity* 2019 年被 SCIE 核心数据库收录，2022 年影响因子为 4.8，连续两年入选中国科学院二区期刊，2019～2022 年连续入选中国国际影响力优秀学术期刊榜单，2020 年入选《植物科学领域高质量期刊分级目录》T3 级。

历任主编和副主编

年份	主编	副主编
1979～1991	吴征镒	蔡希陶
1992～1994	吴征镒	周俊，臧穆
1995～1998	吴征镒	周俊，臧穆，黄冠鍪
1999～2005	吴征镒	周俊，臧穆，郝小江，李德铢，黄冠鍪

年份	主编	副主编	
2006～2010	李德铢	杨祝良，刘吉开，陈进，曹敏，李唯奇	
2011～2015	李德铢	杨祝良，陈进，曹敏，李唯奇	
2016～2019	周浙昆（专职） Sergei Volis （专职）	曹敏，李唯奇，Richard Corlett，杨亲二	
2020 至今	吴建强	张建文（常务副主编 专职） Richard Corlett，张石宝，唐志尧，陈江华，张丽兵，邓云飞	

5.《生物多样性》

英文刊名：*Biodiversity Science*

主管单位：中国科学院

主办单位：中国科学院生物多样性委员会，中国植物学会，中国科学院植物研究所，中国科学院动物研究所，中国科学院微生物物研究所

发展历程：《生物多样性》于 1993 年创刊，当时的英文刊名为 *Chinese Biodiversity*，季刊。创刊伊始，《生物多样性》就承担着普及生物多样性知识，交流国际国内在生物多样性的研究、保护和持续利用方面信息的重任，是生物多样性领域的综合性学术期刊。2001 年英文刊名改为 *Biodiversity Science*，2003 年改为双月刊，2016 年改为月刊。《生物多样性》办刊宗旨是促进国内外生物多样性信息交流，报道生物多样性基础研究与应用研究的创新性成果以及新理论和新技术，包括具引领和示范作用的保护实践案例或新范式，自然保护区、国家公园、国家植物园、种子库、基因库等对生物多样性保护的有效性探索，热点地区、调查空白地区或重要生物类群的生物编目，有新观点的高水平综述，以及履行相关国际公约的进展等。作为中国生物多样性保护领域的第一本刊物，它见证了中国的生物多样性保护事业从起步、发展到繁荣的历程。与此

同时,《生物多样性》本着立足国内、面向国际的原则,凭着其前瞻性的研究论文和读者至上的服务宗旨,经过 30 年的积累,成为反映中国生物多样性研究和发展水平的、国内生物学领域公认的高水平学术刊物,并具有一定的国际影响力。

成绩荣誉:《生物多样性》影响因子和总被引频次在国内生物学领域一直排名前列,并被《中文核心期刊要目总览》、中国科技论文统计与分析数据库(CSTPCD)、中国科学引文数据库(CSCD)、Scopus、Chemical Abstracts、Biosis Previews 等国内外 10 余家检索系统收录。2019～2023 年获中国科技期刊卓越行动计划项目支持,2018 年荣获中文科技期刊精品建设计划项目资助,2008～2017 年连续 10 年获中国科协精品科技期刊工程;12 次入选百种中国杰出学术期刊,连续 6 次入选中国精品科技期刊,9 次入选中国国际影响力优秀学术期刊,入选科技期刊世界影响力指数(WJCI)报告、植物科学领域高质量期刊分级目录高质量中文期刊等。

历任主编和副主编

年份	主编	副主编
1993～1998	钱迎倩	汪松,陈灵芝,黄亦存,王美林
1999～2003	韩兴国	蒋志刚,汪小全(常务副主编),庄文颖
2004～2008	汪小全	蒋志刚,谢宗强,庄文颖
2009～2013	马克平	郭良栋,蒋志刚,孔宏智,李博,薛达元
2014～2019.8	马克平	傅声雷,郭良栋,蒋志刚,孔宏智,李博,薛达元
2019.9 至今	马克平	傅声雷,郭良栋,郭庆华,黄晓磊,孔宏智,雷富民,吕植,张健

6.《植物学报》

英文刊名: *Chinese Bulletin of Botany*
主管单位: 中国科学院
主办单位: 中国科学院植物研究所,中国植物学会

发展历程：《植物学报》的前身是创刊于 1983 年的《植物学通报》，办刊伊始，定位为中文综合性植物学学术期刊，用来反映国内外植物科学的动态和进展，促进我国植物学研究和教学工作的发展。2004 年，重新确定刊物定位，即以中文（英文摘要）及时、快速和全面地反映我国植物科学及其相关学科研究的最新成果，力争成为国内植物科学研究领域的领头中文学术期刊。2009 年，为适应我国植物科学快速发展的需要，《植物学通报》更名为《植物学报》，并对其市场定位进行了重新调整，确立了新的办刊宗旨，即坚持"综合性、高水平"为办刊方针，不求全，但求新，及时、准确地反映我国植物科学领域最新研究成果（新发现和新方法等）和系统评述国际植物科学最新进展（新理论和新发展）为基本定位，以搭建高水平的科技信息交流平台和沟通的绿色通道，传播科学精神、普及科学思想，培养广大青年科技工作者的科学思维和研究素质；同时对刊载内容、栏目设置及刊物风格等进行了调整，发表植物科学各领域（包括农学、林学和园艺学等）的原创性且具有重要学术价值的研究成果。栏目包括主编评述（特色栏目）、热点评述（特色栏目）、特邀专家方法（特色栏目）、特邀综述、研究论文、研究报告、技术方法（含组织培养）和专题论坛等。这些发展策略和举措促使《植物学报》的学术水平和影响力得到明显提升，并成功走上了精品化道路。目前《植物学报》已成功打造为"三平台一窗口"，即植物科学研究成果交流平台、青年人才培养平台、国家植物科学成果展示平台，以及了解植物科学发展前沿和态势的重要窗口，为我国植物科学的发展和期刊发展作出了重要贡献。

成绩荣誉：《植物学报》为中文核心期刊，2000 年获得中国科学院优秀期刊三等奖，2011 年被评为中国精品科技期刊和百种中国杰出学术期刊。2015～2018 年，获中国科协精品科技期刊工程学术质量提升项目支持。2017 年和 2020 年，《植物学报》发表的论文《一种改良的植物 DNA 提取方法》《作物杂种优势遗传基础的研究进展》分别荣获第二届和第五届中国科协农林优秀科技论文三等奖。2020 年入选《植物科学领域高质量期刊分级目录》高质量中文期刊。

历任主编和副主编

年份	主编	副主编
1983~1988	曹宗巽	周佩珍，朱至清
1989~1993	朱至清	戴云玲，叶和春
1994~1998	叶和春	陈梦玲，程红焱，李彦舫，马克平，张其德
1999~2003	童哲	王小菁，许亦农，李彦舫，种康，蒋高明，程红焱
2004~2008	种康	陈之端，蒋高明，瞿礼嘉，王台，王小菁，许亦农，杨维才，袁明，彭明
2009~2014	种康	杨维才，瞿礼嘉，王台，王小菁，袁明，蒋高明，钱前，许奕农
2015~2018	种康	王台，钱前，王小菁，左建儒，顾红雅，姜里文，陈之端，白永飞，杨淑华，孔宏智，陈凡，萧浪涛
2019~2023	王台	钱前，王小菁，左建儒，顾红雅，姜里文，陈之端，白永飞，杨淑华，陈凡，萧浪涛，王雷，林荣呈，漆小泉

7.《植物生态学报》

英文刊名：*Chinese Journal of Plant Ecology*

主管单位：中国科学院

主办单位：中国科学院植物研究所，中国植物学会

发展历程：《植物生态学报》的历史可以追溯到 1955 年创办的《植物生态学与地植物学资料丛刊》，以丛刊形式出版。1958 年开始设编委会。1963 年更名为《植物生态学与地植物学丛刊》，正式作为期刊出版，半年刊。1966 年停刊。1981 年复刊，刊期为季刊，增加拉丁刊名 *Acta Phytoecologica et Geobotanica Sinica*。1986 年中文刊名变更为《植物生态学与地植物学学报》。1994 年中文刊名变更为《植物生态学报》，拉丁刊名变更为 *Acta Phytoecologica Sinica*。1996 年改为双月刊。1999

年开始实行责任编委制度和主编终审制度。2002 年建立期刊官网，过刊论文全文免费下载。2006 年变更拉丁刊名为英文刊名 *Journal of Plant Ecology*。2007 年英文刊名加注版本 *Journal of Plant Ecology (Chinese Version)*。2009 年英文刊名变更为 *Chinese Journal of Plant Ecology*，学术上实行主编负责制。2010 年刊期变更为月刊，封面加入与文章内容相关的彩色图片，四色印刷。2013 年设立"方法与技术"和"资料论文（Data Paper）"（发表植物生态学数据资料论文）栏目。2015 年富媒体文件在官网上线，并开通微信公众号。2016 年被 Scopus 收录。2019 年植物名称标引功能上线。2021 年科技术语标引功能上线。2021 年为推动我国植物生态学的发展，及时报道生态学前沿方向的重要进展，开设"侯学煜评述"（Hou Xueyu Review）专栏，不定期邀请国内外在某一领域有重要建树的学者针对生态学领域的经典理论和前沿科学问题等开展评述。

成绩荣誉：《植物生态学报》为中文核心期刊，影响因子和被引频次多年学科第一。多次入选百种中国杰出学术期刊、中国精品科技期刊、RCCSE 中国权威学术期刊（A+期刊）、中国国际影响力优秀学术期刊。2019 年获中国科技期刊卓越行动计划支持。2020 年入选《植物科学领域高质量期刊分级目录》高质量中文期刊。2021 年入选《生态学高质量期刊分级目录》T1 区。

历任主编和副主编

年份	主编	副主编	名誉主编
1958	李继侗		
1981～1983	侯学煜	王献溥，陈昌笃，武吉华	
1984～1988	姜恕	郑慧莹，崔海亭	
1989～1993	陈灵芝	郑慧莹，崔海亭	侯学煜（1989～1990）

续表

年份	主编	副主编	名誉主编
1994～1998	陈伟烈	崔海亭，李永宏，胡肄慧	
1999～2004	马克平	方精云，许再富，周广胜，姜联合（专职2002～2004）	张新时
2005～2008	马克平，彭长辉 缪世利	方精云，郭柯，许再富，周广胜，姜联合（专职2005～2006）	张新时
2009～2014	董鸣	安黎哲，白永飞，郭柯，黄建辉，刘世荣，彭长辉，张大勇，周广胜，周国逸	张新时
2015～2019	方精云	安黎哲，董鸣，郭柯，黄建辉，蒋高明，李博，刘玲莉，杨元合，张大勇，周国逸	
2020～2023	方精云	安黎哲，董鸣，郭柯（常务），黄建辉，蒋高明，李博，刘玲莉（常务），杨元合，张大勇，周国逸	

8.《生命世界》

英文刊名：*Life World*

主管单位：中国科学院

主办单位：中国科学院植物研究所，中国植物学会，高等教育出版社

发展历程：《生命世界》的历史可以追溯到1974年，当时由中国科学院植物研究所申请，经国家科委批准，《植物学杂志》正式创刊。创刊时定为中级刊物，为季刊。主要面向科研单位的科技人员，大专院校和中学教师，农、林和医药等部门的科技人员等。1976年改为双月刊。1977年，经中国科学院批准为专业科普刊物，并更名为《植物杂志》。主要服务对象是我国广大农村的科技干部和知识青年、大专院校和中学的学生、植物学爱好者等。2004年，中国科学院植物研究所、中国植物学会和高等教育出版社共同协商，由高等教育出版社出资，三家联合将《植物杂志》更名为《生命世界》，刊登的内容由原来的植物学领域扩大到生命科学领域。2005年改为月刊，以图文并茂、深入浅出的方

式及时报道最前沿、公众最为关注的国内外科研成果与动态，以极具视觉感染力的图片和通俗易懂的语言让读者能从中了解生命科学家、生命与科学、生命与健康、生命与自然等诸多精彩信息。杂志集中了中国科学院和高校一流的生命科学家的智慧与高等教育出版社优秀的出版资源，凝心聚力将科学、历史、文化与艺术有机融合，带领读者探寻生命神奇、感悟生命神圣、体味生命神韵。现在，《生命世界》已成为颇具影响力的科普杂志，为生命科学与医学健康知识的普及和大众科学素养的提高起到了积极作用，显示了广泛的社会影响。

成绩荣誉：2009 年《生命世界》杂志社被北京市科协和北京市科委共同授予科普传媒基地。《生命世界》是大科学工程项目科普任务的宣传平台。2013 年入选"公众喜爱的科普期刊"，同年入选中国科协"30 种重点推介科普期刊"目录。2020 年入选"全国优秀科普期刊"目录。

历任主编和副主编

年份	主编	副主编
1974～1984	曹宗巽	董愚得，高信曾，王献溥
1985～1994	高信曾	胡玉熹，陈伟烈
1995～1999	胡玉熹	何关福，李伯刚，杨继，杨斧
2000～2003	傅德志	吴光耀，陈潭清，杨斧
2004～2007.10	崔金钟	蒋志刚，陈放，王晓民，屈冬玉，耿运琪，梁万年，吴乐斌，姚一建
2007.1～2008.12	崔金钟	蒋志刚，陈放，王晓民，屈冬玉，耿运琪，梁万年，吴乐斌，姚一建，王英典，杭悦宇
2009～2019.7	崔金钟	蒋志刚，陈放，王晓民，姚一建，王英典，杭悦宇，马弘，雷霆
2019.8～2023	林荣呈	蒋志刚，陈放，王晓民，姚一建，王英典，杭悦宇，马弘，雷霆

9.《生物学通报》

英文刊名：*Bulletin of Biology*

主管单位：中国科学技术协会

主办单位：中国动物学会，中国植物学会，北京师范大学

发展历程：1952 年 5 月，全国科联根据当时政务院文化教育委员会的指示，为适应中学自然科学教学的需要，以帮助提高中学教学为目的，由各有关学会分别负责编辑创刊了数学、物理、化学及生物学 4 种通报。其中《生物学通报》是由植物学会将才复刊不久的《中国植物学杂志》和动物学会正在筹备出版的《动物学杂志》合并更名而成。由郭沫若院长题写刊名，北京林业大学汪振儒教授任第一任主编。1952 年 8 月出版了第 1 卷第 1 期。1957 年，全国科联不再直接指导《生物学通报》的具体工作。1958 年，经上级批准，将《生物学通报》的挂靠关系落实在北京师范大学生物系，由生物系提供办公地点，科学出版社的 2 位编辑负责编辑工作。1966 年，《生物学通报》被迫停刊，直至 1980 年，国家科委批准同意后，《生物学通报》复刊，由中国科协主管，中国动物学会、中国植物学会主办，挂靠在北京师范大学。1985 年，经中国科协批准，《生物学通报》的主办单位增加北京师范大学。1988 年，改为由《生物学通报》编委会、编辑部出版。2022 年，为响应北京师范大学期刊改革，《生物学通报》出版单位由《生物学通报》编辑部变更为北京师范大学出版社（集团）有限公司，开启了期刊发展的新篇章。

成绩荣誉：《生物学通报》1992 年、1997 年两次获得"中国科协优秀期刊"三等奖。2006～2008 年，连续 3 年获得中国科协精品科技期刊工程资助，是多种数据库的源期刊，在全国中学生物学教育界享有盛誉。

历任主编和副主编

年份	主编	副主编	
1952～1988	汪振儒		
1988～2008	张启元		
2009～2020	郑光美	朱正威，刘恩山，丁明孝，张兰	
2021	刘恩山	丁明孝，王月丹，张兰	
2022 至今	刘恩山	王月丹	

第 19 届国际植物学大会组织委员会

名誉主席

洪德元　中国科学院植物研究所，中国

Peter H. Raven　Missouri Botanical Garden，USA

主　席

武维华　中国农业大学，中国

王伟中　深圳市委书记，中国

副 主 席

刘庆生　深圳市委常委，中国

朱玉贤　北京大学/武汉大学，中国

Jun Wen　Smithsonian Institution，USA

秘 书 长

葛　颂　中国科学院植物研究所，中国

刘　胜　深圳市人民政府，中国

副秘书长

王国宾　深圳市城市管理局，中国

黄宏文　中国科学院华南植物园，中国

朱伟华　深圳市城市管理局，中国

顾问委员会

陈晓亚　中国科学院上海生命科学研究院，中国

陈宜瑜　国家自然科学基金委员会，中国

邓秀新　华中农业大学，中国

邓兴旺　北京大学/耶鲁大学，中国

方精云　中国科学院植物研究所/北京大学，中国

方荣祥　中国科学院微生物研究所，中国

洪德元　中国科学院植物研究所，中国

韩　斌　中国科学院上海生命科学研究院，中国

匡廷云　中国科学院植物研究所，中国

蒋有绪　中国林业科学研究院，中国

李家洋　中国科学院遗传与发育生物学研究所/中国农业科学院，中国

李文华　中国科学院地理科学与资源研究所，中国

刘　旭　中国农业科学院，中国

孙大业　河北师范大学，中国

孙　革　沈阳师范大学，中国

孙汉董　中国科学院昆明植物研究所，中国

许智宏　北京大学，中国

肖培根　中国医学科学院药用植物研究所，中国

杨焕明　华大基因，中国

尹伟伦　北京林业大学，中国

魏江春　中国科学院微生物研究所，中国

张启发　华中农业大学，中国

张新时　中国科学院植物研究所/北京师范大学，中国

赵进东　中国科学院水生生物研究所/北京大学，中国

周　俊　中国科学院昆明植物研究所，中国

庄文颖　中国科学院微生物研究所，中国

朱健康　中国科学院上海生命科学研究院，中国

朱英国　武汉大学，中国

Charles Arntzen　Arizona State University，USA

Meredith Blackwell　Louisiana State University，USA

Stephen Blackmore　Royal Botanic Gardens，Edinburgh，UK

Peter R. Crane　Yale University，USA

Dianne Edwards　Cardiff University，UK

Friedrich Ehrendorfer　University of Vienna，Austria

John Philip Grime　University of Sheffield，UK

Maarten Koornneef　Max Planck Institute for Plant Breeding
Research，Köln，Germany

Christian Körner　University of Basel，Switzerland

Elliot M. Meyerowitz　California Institute of Technology，USA

Harold A. Mooney　Stanford University，USA

Peter H. Raven　Missouri Botanical Garden，USA

Barbara A. Schaal　Washington University，USA

Kazuo Shinozaki　Institute of Physical and Chemical Research，Japan

Mark Stitt　Max Planck Institute of Molecular Plant Physiology，
　　　　　Germany

科学委员会

安黎哲　兰州大学，中国

陈　进　中国科学院西双版纳热带植物园，中国

种　康　中国科学院植物研究所，中国

董　鸣　杭州师范大学，中国

葛　颂　中国科学院植物研究所，中国

巩志忠　中国农业大学，中国

顾红雅　北京大学，中国

韩兴国　中国科学院沈阳应用生态研究所/中国科学院植物研究所，
　　　　中国

何奕騉　首都师范大学，中国

黄宏文　中国科学院华南植物园，中国

黄璐琦　中国医学科学院中药资源中心，中国

李德铢　中国科学院昆明植物研究所，中国

刘　宝　东北师范大学，中国

刘春明　中国科学院植物研究所，中国

马　红　复旦大学，中国

马克平　中国科学院植物研究所，中国

戚益军　清华大学，中国

瞿礼嘉　北京大学，中国

桑　涛　中国科学院植物研究所，中国

施苏华　中山大学，中国

孙　航　中国科学院昆明植物研究所，中国

孙蒙祥　武汉大学，中国

谭宁华　中国科学院昆明植物研究所，中国

王青锋　中国科学院武汉植物园，中国

王宇飞　中国科学院植物研究所，中国

武维华　中国农业大学，中国

杨维才　中国科学院遗传与发育生物学研究所，中国

张立新　中国科学院植物研究所，中国

张宪省　山东农业大学，中国

赵世伟　北京植物园，中国

朱瑞良　华东师范大学，中国

朱玉贤　北京大学/武汉大学，中国

Spencer C. Barrett　University of Toronto，Canada

Xuemei Chen　University of California，Riverside，USA

Hans Cornelissen　VU University Amsterdam，The Netherlands

Thomas Dresselhaus　University of Regensburg，Germany

Brandon S. Gaut　University of California，Irvine，USA

David U. Hooper　Western Washington University，USA

IIdoo Hwang　Pohang University of Science and Technology，Korea

Sandra Knapp　Natural History Museum，UK

Jörg Kudla　Universität Münster，Germany

Makoto Matsuoka　Nagoya University，Japan

Jose Rubens Pirani   University of Sao Paulo，Brazil

Douglas E. Soltis   University of Florida，USA

Jun Wen   Smithsonian Institution，USA

Judy West   Australian National Botanic Gardens，Australia

Peter Wyse Jackson   Missouri Botanical Garden，USA

科学委员会执行工作组①

组　长

武维华　大会组委会主席、科学委员会主任

成　员（按姓名拼音排序）

安黎哲　生态学、环境和全球变化学术组组长

种　康　发育和生理学学术组组长

葛　颂　大会秘书长

黄宏文　大会副秘书长，生物多样性、资源和保护学术组组长

李德铢　分类学、系统发育和进化学术组组长

文　军　大会副主席

赵世伟　植物和社会学术组组长

朱玉贤　大会副主席，遗传学、基因组学和生物信息学学术组组长

---

①来源：《科技导报》2018 年底 36 卷。

附件 9

中国参加国际生物奥林匹克竞赛
历届成绩表

届数	年份	举办地 （国家或地区）	金牌	银牌	铜牌
4	1993	荷兰	刘岳毅 （北京市第二中学）	高璐 （唐山市第一中学） 徐兴 （北京大学附属中学） 欧阳晓光 （福建师范大学附属中学）	
5	1994	保加利亚	王晓婷 （北京一零一中学）	赵革新 （大庆市第四中学） 郑春阳 （唐山市第一中学）	周雁 （华东师范大学 第二附属中学）
6	1995	泰国	王海波 （大庆实验中学） 薛华丹 （北京师范大学第二附属 中学）	林甦 （福建师范大学附属中学）	
7	1996	乌克兰	张弩 （清华大学附属中学）	任瑞漪 （湖南省长沙市第一中学） 佘星宇 （湖南省长沙市第一中学） 张翔（山东省实验中学）	

续表

届数	年份	举办地 （国家或地区）	金牌	银牌	铜牌
8	1997	土库曼斯坦	杨祥宇 （清华大学附属中学） 夏凡 （湖南师范大学附属中学） 徐承远 （华东师范大学第二附属中学）	范捷 （福建师范大学附属中学）	
9	1998	德国	郭婧 （湖南师范大学附属中学） 凌晨 （华中师范大学第二附属中学） 江健森 （福建省永定第一中学）	魏迪明 （湖南省长沙市第一中学）	
10	1999	瑞典	彭晓聿 （长沙市长郡中学） 张焱明 （哈尔滨市第三中学校） 刘沁颖 （福建师范大学附属中学）	颜毅 （湖南省长沙市第一中学）	
11	2000	土耳其	王旭 （山东省实验中学） 宋臻涛 （湖南省长沙市第一中学）	叶江滨 （陕西师范大学附属中学） 徐良亮 （湖南师范大学附属中学）	
12	2001	比利时	童一 （四川省成都市第七中学） 廖雅静 （湖南省长沙市第一中学） 卢立 （江苏省海安高级中学）	吴薇 （福建省厦门第一中学）	

续表

届数	年份	举办地（国家或地区）	金牌	银牌	铜牌
13	2002	拉脱维亚	陈栩 （福建师范大学附属中学） 傅宏宇 （四川省成都市第七中学） 凌晨 （湖南省长沙市第一中学）	孙路 （陕西师范大学附属中学）	
14	2003	白俄罗斯	黄璞 （长沙市长郡中学） 郭琴溪 （山东师范大学附属中学） 孟琳燕 （浙江省杭州第十四中学）	谭昊 （福建师范大学附属中学）	
15	2004	澳大利亚	周腾 （莆田第一中学） 杨露菡 （四川省成都市第七中学）	李晶晶 （合肥市第一中学） 张洪康 （湖南师范大学附属中学）	
16	2005	中国	周舟 （武汉市第二中学） 王澜 （浙江省杭州第二中学） 叶倩倩 （浙江金华第一中学） 于静怡 （山东省实验中学）		
17	2006	阿根廷	刘潇 （四川省成都市第七中学） 彭艺 （湖南省长沙市第一中学） 欧洋 （江苏省梁丰高级中学） 胡子诚 （绍兴市第一中学）		

续表

届数	年份	举办地 （国家或地区）	金牌	银牌	铜牌
18	2007	加拿大	朱军豪 （湖南师范大学附属中学） 林济民 （浙江省杭州第十四中学） 周謇 （合肥市第一中学） 冉晨 （山东省青岛第二中学）		
19	2008	印度	董雅韵 （四川省成都市第七中学） 鲁昊骋 （江苏省木渎高级中学）	杨纪元 （河南省实验中学） 井淼 （山东师范大学附属中学）	
20	2009	日本	郝思杨 （辽宁省实验中学） 李争达 （郑州市第一中学） 张宸瑀 （武汉市第二中学） 黄榕 （山东省青岛第二中学）		
21	2010	韩国	慕童 （郑州市第一中学） 赵俊峰 （济南市历城第二中学） 谭索成 （湖南师范大学附属中学）	樊帆 （西安交通大学附属中学）	
22	2011	中国（台北）	张子栋 （长沙市雅礼中学） 逍遥 （武汉市武钢三中） 吴柯蒙 （郑州市第一中学）	杨津 （南京师范大学附属中学）	

续表

届数	年份	举办地（国家或地区）	金牌	银牌	铜牌
23	2012	新加坡	张益豪 （四川省绵阳中学） 李安然 （浙江省温州中学） 董傲 （河北衡水中学）	何帅欣 （长沙市长郡中学）	
24	2013	瑞士	黄琪 （浙江省温州中学）	周子青 （长沙市长郡中学） 高士洪 （四川省绵阳中学） 李广明 （河北衡水中学）	
25	2014	印度尼西亚	王玉璞 （郑州市第一中学） 王大元 （石家庄市第二中学） 朱洪贤 （四川省绵阳中学）	刘立洋 （华中师范大学第一附属中学）	
26	2015	丹麦	张思睿 （天津市第一中学） 陈展鸿 （湖南省长沙市第一中学） 孙楚荣 （济南市历城第二中学） 张一帆 （石家庄市第二中学）		

续表

届数	年份	举办地 （国家或地区）	金牌	银牌	铜牌
27	2016	越南	王远卓 （郑州外国语学校） 茅傲岳 （四川省成都市第七中学） 周华瑞 （华中师范大学第一附属 中学） 魏泽林 （湖南省长沙市第一中学）		
28	2017	英国	周皓宇 （安庆市第一中学） 王梓豪 （浙江省杭州第二中学） 付嘉乐 （山东省临沂第一中学）	郑逸飞 （郑州市第一中学）	
29	2018	伊朗	姚昱臣 （宁波市镇海中学） 杨雨翔 （郑州外国语学校） 刘商鉴 （湖南省长沙市第一中学） 王玄之 （四川省绵阳中学）		
30	2019	匈牙利	彭凌峰 （湖南师范大学附属中学） 唐皓轩 （四川省成都市第七中学） 孟昱 （郑州外国语学校） 黄亦远 （长沙市雅礼中学）		

续表

届数	年份	举办地 （国家或地区）	金牌	银牌	铜牌
31	2020	日本- 线上挑战赛	邵承骏 （浙江省萧山中学） 姚前 （浙江省杭州第二中学） 徐润田 （济南市历城第二中学）	贾宏哲 （四川省成都市石室中学）	
32	2021	葡萄牙- 线上挑战赛	陈建宇 （河北省衡水第一中学） 韩昊洋 （东营市胜利第一中学） 莫滨瑞 （四川省成都市第七中学） 张代健 （重庆市巴蜀中学校）		
33	2022	亚美尼亚- 未参赛			
34	2023	阿联酋	毛上卿 （郑州外国语学校） 廖一岩 （济南市历城第二中学） 赵语涵 （四川省成都市第七中学）	刘童杭 （杭州市余杭高级中学）	
	合计（119）		87	31	1

致　谢

　　路安民研究员、叶和春研究员、冯峰研究员和匡廷云院士在本书编写过程中给予了的悉心指导和帮助，并提出了许多宝贵意见，《中国植物学会九十年》编委会深表谢意。